Erfolgreiche Vorstellungsgespräche in Englisch

Annette und René Bosewitz

Erfolgreiche Vorstellungsgespräche in Englisch

101 Fragen und die besten Antworten

1. Auflage

Haufe Group
Freiburg · München · Stuttgart

Bibliografische Information der Deutschen Nationalbibliothek

Die Deutsche Nationalbibliothek verzeichnet diese Publikation in der Deutschen Nationalbibliografie; detaillierte bibliografische Daten sind im Internet über http://dnb.dnb.de/ abrufbar.

Print: ISBN 978-3-648-15511-0 Bestell-Nr. 14151-0001
ePub: ISBN 978-3-648-15512-7 Bestell-Nr. 14151-0100
ePDF: ISBN 978-3-648-15513-4 Bestell-Nr. 14151-0150

Annette und René Bosewitz
Erfolgreiche Vorstellungsgespräche in Englisch
1. Auflage, Januar 2022

www.haufe.de
info@haufe.de

Bildnachweis (Cover): © Rawpixel.com, Adobe Stock

Produktmanagement: Jasmin Jallad
Lektorat: Text+Design Jutta Cram, Augsburg

Inhaltsverzeichnis

Einleitung

Es gibt kaum etwas, das Jobsuchende nervöser macht als ein Vorstellungsgespräch. Und wenn es auch noch in einer Fremdsprache geführt werden soll, kommt bei vielen Bewerber*innen Panik auf. Dabei sind Bewerbungsgespräche auf Englisch heutzutage keine Seltenheit mehr. Neben dem offensichtlichen Grund – Sie haben sich auf eine Stelle im englischsprachigen Ausland beworben – gibt es noch weitere Gründe, warum Jobinterviews auf Englisch stattfinden: zum Beispiel wenn Englisch die einzige Sprache ist, die Sie und Ihr*e Gesprächspartner*in gemeinsam sprechen, oder wenn Sie sich bei einem international tätigen Unternehmen in Deutschland beworben haben und der*die Interviewer*in plötzlich beginnt, Fragen auf Englisch zu stellen. Dann müssen Sie in der Lage sein, auch Ihre Antworten auf Englisch zu geben, ohne dass dieser unerwartete Sprachwechsel Sie aus der Fassung bringt.

Die Formel für ein erfolgreiches Vorstellungsgespräch – egal ob auf Deutsch oder auf Englisch – ist simpel: akribische Vorbereitung + viel Übung = überzeugendes Interview.

Und genau darum geht es in diesem Buch. Es soll Ihnen als praktischer Begleiter für die Vorbereitung auf englische Vorstellungsgespräche dienen.

Mit diesem Buch erhalten Sie den Schlüssel, um **typische Bewerbungsfragen** in einem Vorstellungsgespräch auf Englisch gekonnt zu beantworten. Anhand nützlicher **Leitfäden** zeigen wir Ihnen die Besonderheiten verschiedener **Interviewformate** und was Sie vor, während und nach dem Interview unbedingt beachten sollten. Erfahren Sie, welche **Fragetypen** es gibt und wie Sie am besten darauf reagieren. Mithilfe von **Checklisten** zur Interviewvorbereitung und -nachbearbeitung stellen Sie sicher, dass Sie an alles gedacht haben. Zudem finden Sie überall im Buch verteilt zahlreiche **Sprachtipps** und eine Fülle an **Formulierungshilfen**, die Sie als Ideengeber bei der Erarbeitung Ihrer eigenen Antworten nutzen können.

DIGITALE EXTRAS

Die Leitfäden, Checklisten und Mustervorlagen stehen Ihnen auch online als Download zur Verfügung.

Wir hoffen, unser Buch wird Sie dabei unterstützen, Ihr Vorstellungsgespräch auf Englisch als quasi letzte Hürde im Bewerbungsprozess souverän zu meistern.

Wir wünschen Ihnen viel Erfolg!

Battle, England, im Oktober 2021

Annette und René Bosewitz

1 Verschiedene Formen des Vorstellungsgesprächs

Glückwunsch! Sie haben es mit Ihrer schriftlichen Bewerbung in die engere Auswahl geschafft und wurden zu einem Vorstellungsgespräch eingeladen. Doch nicht jedes Interview ist gleich. Nicht nur, dass die Fragen variieren – auch in der Form und im Ablauf gibt es Unterschiede. In diesem Kapitel stellen wir Ihnen verschiedene Interviewtypen vor und zeigen Ihnen, was auf Sie zukommt und worauf es zu achten gilt.

1.1 Das persönliche Vorstellungsgespräch

Der Klassiker unter den Interviewtypen ist das persönliche Vorstellungsgespräch. Auch wenn andere Interviewformate dem Face-to-Face-Gespräch mehr und mehr den Rang ablaufen – nicht nur in Pandemiezeiten –, stellt für viele Arbeitgeber nach wie vor das persönliche Vorstellungsgespräch die bevorzugte Methode für die Personalauswahl dar. Das Gespräch findet üblicherweise in den Geschäftsräumen des potenziellen Arbeitgebers statt. Bewerber und Personalentscheider sitzen sich gegenüber. Eventuell sind noch weitere Gesprächspartner*innen anwesend. Der*die Interviewer*in stellt Fragen, um Stellenanwärter*innen auf Herz und Nieren zu prüfen und letztendlich den oder die Beste für die vakante Position zu identifizieren. In der Regel dauert das Vorstellungsgespräch zwischen 30 und 60 Minuten. Als Faustregel gilt: je höher die angestrebte Position, desto länger das Gespräch.

Der Ablauf lässt sich grundsätzlich in folgende sieben Phasen unterteilen:

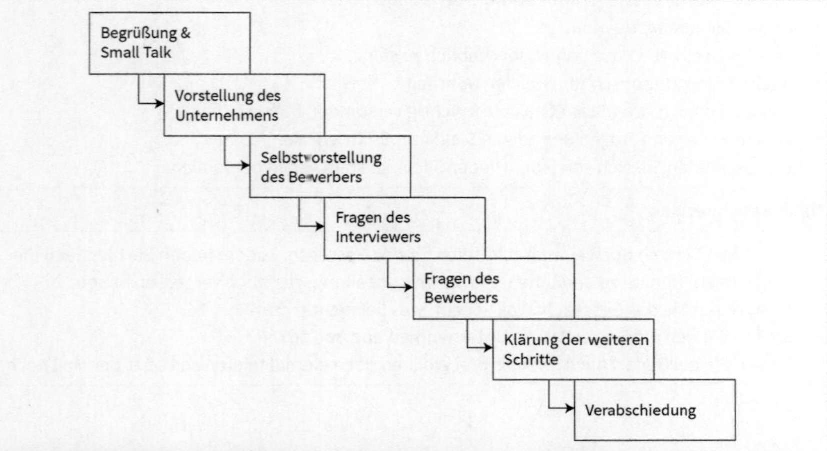

Phasen des Vorstellungsgesprächs

Zu den typischen Fragen, die Ihnen während eines persönlichen Vorstellungsgesprächs gestellt werden, gehören:

- *Could you tell me a bit about yourself?*
- *Why have you applied for this job?*
- *Why do you want to work for this company?*
- *What can you bring to this job?*
- *Where do you see yourself in five years' time?*
- *What has been your greatest achievement to date?*
- *What are your strengths?*
- *What are your weaknesses?*

DIGITALE EXTRAS

Leitfaden für Face-to-Face-Vorstellungsgespräche

Vor dem Interview
• Bereiten Sie sich frühzeitig und eingehend auf das Gespräch vor. • Planen Sie ausreichend Zeit für die Anreise ein, damit keine Hektik aufkommt. • Wählen Sie ein passendes Bewerbungs-Outfit. • Nehmen Sie alle erforderlichen Bewerbungsunterlagen zum Interview mit.
Während des Interviews
• Stellen Sie sich vor und begrüßen Sie den/die Gesprächspartner*innen mit Namen. • Nehmen Sie erst Platz, wenn Sie dazu aufgefordert werden. • Bedanken Sie sich für das Interview. • Hören Sie aufmerksam zu. • Lassen Sie Ihr Gegenüber ausreden. • Achten Sie auf Ihre Körpersprache. • Halten Sie Blickkontakt. • Sprechen Sie ruhig und deutlich. • Lächeln Sie, das verleiht Ihrer Stimme etwas Positives. • Zeigen Sie Ihre Motivation. • Seien Sie selbstbewusst, ohne überheblich zu sein. • Bleiben Sie authentisch und bei der Wahrheit. • Fragen Sie nach, wenn Sie etwas nicht richtig verstanden haben. • Stellen Sie eigene Fragen und zeigen Sie damit Ihr Interesse. • Verabschieden Sie sich von jedem/jeder Gesprächspartner*in persönlich.
Nach dem Interview
• Bedanken Sie sich noch einmal schriftlich für das Gespräch. Zudem haben Sie hier auch die Möglichkeit, Punkte zu erwähnen, die Sie im Vorstellungsgespräch vergessen haben. • Analysieren Sie das Gespräch: Was lief gut, was lief nicht so gut? • Stellen Sie sich die Frage: Passen Unternehmen und Job zu mir? • Fassen Sie bei Bedarf nach zwei bis drei Wochen noch einmal telefonisch oder per Mail nach.

1.2 Telefoninterview

Viele Unternehmen und Recruiting-Agenturen nutzen Telefoninterviews, um ohne großen Zeit- und Kostenaufwand eine Vorauswahl unter den Kandidat*innen zu treffen. Insbesondere bei Bewerbungen im Ausland ist es zudem durchaus üblich, dass zusätzlich zu einem ersten Sondierungsgespräch auch weitere Gesprächsrunden am Telefon stattfinden.

Im Wesentlichen gelten für Telefoninterviews die gleichen Richtlinien wie für klassische Vorstellungsgespräche vor Ort beim Unternehmen. Das heißt, bereiten Sie sich ebenso gut auf ein Telefoninterview vor wie auf ein »klassisches« Vorstellungsgespräch. Was zu einer guten Vorbereitung auf ein Bewerbungsgespräch gehört, erfahren Sie in Kapitel 3.

Die größte Schwierigkeit dabei, ein Telefoninterview in einer Fremdsprache zu führen, ist, dass Sie Ihr Gegenüber nicht sehen. Es fehlen somit Gestik und Mimik, die für das Verständnis so wichtig sind. Dadurch kann es leichter zu Verständnisschwierigkeiten kommen. Scheuen Sie sich nicht nachzufragen, wenn Sie etwas nicht verstanden haben. So vermeiden Sie Missverständnisse und riskieren nicht, vollkommen falsche Antworten zu geben.

Fragen Sie bei Unklarheiten nach:

- *I'm sorry I didn't catch that.*
- *Could you repeat that, please?*
- *Could you say that again, please?*
- *I'm sorry, I can't hear you, could you speak up a little, please?*
- *I beg your pardon, but I missed that.*
- *Sorry, I didn't quite catch that.*
- *I'm afraid the line is bad. Would you mind repeating that, please?*

Es kann passieren, dass Sie vollkommen unerwartet angerufen werden. Unvorbereitet in ein Telefongespräch mit Interviewer*innen zu gehen birgt viele Gefahren. Sie könnten Dinge sagen, die Sie später bereuen. Daher sollten Sie auf jeden Fall versuchen, das Gespräch auf einen späteren Zeitpunkt zu verschieben. Sagen Sie zum Beispiel:

- *I'm grateful for your phone call but it's quite inconvenient for me to talk to you right now.*
- *Would it be possible to have this conversation on …?*
- *Unfortunately, I'm not able to talk right now. Would it be possible to reschedule?*
- *Thank you for contacting me. I'm afraid it's not a very good time at the moment. Would you mind calling me another time?*

Zu den typischen Fragen, die Ihnen während eines Telefoninterviews gestellt werden, gehören:

- *Why are you interested in this position?*
- *What do you know about this role?*
- *What are you looking for in your next job?*
- *Where do you see yourself in the next few years?*
- *Could you describe your current job responsibilities?*
- *When would you be able to start?*

DIGITALE EXTRAS

Leitfaden: Telefoninterview

Vor dem Interview
• Bereiten Sie sich frühzeitig und eingehend auf das Telefongespräch vor. • Suchen Sie sich einen ruhigen Ort für das Gespräch aus. Geräusche im Hintergrund lassen das Gespräch hektisch werden, erschweren die Verständigung und machen es schwierig, sich auf die Antworten zu fokussieren. • Planen Sie ausreichend Zeit ein. Etwa 15 bis 30 Minuten für erste Sondierungsgespräche. Weitere Interviewrunden am Telefon dauern meist länger als 30 Minuten. • Sorgen Sie für eine stabile Telefonverbindung. Nutzen Sie am besten ein Festnetztelefon und kein Handy. • Stellen Sie sich ein Glas Wasser bereit. • Legen Sie Papier und Stift griffbereit, um Notizen machen zu können. • Machen Sie sich einen Spickzettel, auf dem Sie wichtige Informationen stichpunktartig notieren. Legen Sie Ihren Lebenslauf auf Englisch und sonstige erforderlichen Unterlagen bereit.
Während des Interviews
• Melden Sie sich mit Ihrem vollen Namen und begrüßen Sie Ihre Gesprächspartner*innen mit Namen. • Bedanken Sie sich für das Interview. • Hören Sie aufmerksam zu und fragen Sie nach, wenn Sie etwas nicht verstehen. • Lassen Sie Ihre Gesprächspartner*innen ausreden. • Sprechen Sie ruhig und deutlich. • Auch wenn der*die Interviewer*in Sie nicht sieht, sollten Sie während des Gesprächs so oft wie möglich lächeln. Das verleiht Ihrer Stimme etwas Positives. • Bringen Sie Ihre Motivation zum Ausdruck. • Seien Sie selbstbewusst, ohne überheblich zu sein. • Bleiben Sie authentisch und bei der Wahrheit. • Stellen Sie eigene Fragen und zeigen Sie damit Ihr Interesse.
Nach dem Interview
• Bedanken Sie sich noch einmal schriftlich für das Gespräch. Zudem haben Sie hier auch die Möglichkeit, Punkte zu erwähnen, die Sie im Vorstellungsgespräch vergessen haben. • Analysieren Sie das Gespräch: Was lief gut, was lief nicht so gut? • Stellen Sie sich die Frage: Passen Unternehmen und Job zu mir? • Fassen Sie bei Bedarf nach zwei bis drei Wochen noch einmal telefonisch oder per Mail nach.

1.3 Videointerview

Neben einem klassischen, persönlichen Vorstellungsgespräch und einem Telefoninterview erfreuen sich Online-Jobinterviews per Videokonferenz immer größerer Beliebtheit. Nicht nur seit Corona setzen viele Unternehmen komplett auf digitale Bewerbungsgespräche. Zu den wesentlichen Vorteilen, Vorstellungsgespräche per Videokonferenz zu führen, gehören neben der örtlichen Unabhängigkeit eine größere Flexibilität, was die Koordination von Terminen betrifft. Beide Seiten sparen Reisezeit und -kosten. In Pandemiezeiten werden zudem die Sicherheitsabstände sozusagen mehr als eingehalten. Für Bewerber*innen bringt das Remote-Interview den weiteren Vorteil, dass das Interview in einer gewohnten Umgebung stattfindet, somit ein Gefühl von Sicherheit bietet und ein selbstbewusstes Auftreten stärkt.

Nicht zu unterschätzen ist hingegen die technische Komponente. Wenn hier etwas nicht funktioniert, kommt leicht Stress auf. Um ein Vorstellungsgespräch per Videokonferenz führen zu können, müssen auf beiden Seiten die technischen Voraussetzungen geschaffen werden. Neben einer stabilen Internetverbindung, Webcam und Headset wird ein Videokonferenztool benötigt. Zu den bekanntesten Tools gehören Zoom, Microsoft Teams, Google Meet, Skype, GoToMeeting und Webex. Sobald Sie wissen, welche Plattform genutzt wird, sollten Sie sich mit dem Handling und den Funktionen vertraut machen.

Ein weiterer wichtiger Punkt, der oft schlichtweg vergessen wird, ist der Hintergrund während des Interviews. Dieser sollte möglichst neutral sein. Ein aufgeräumtes und helles Zimmer vermittelt Freundlichkeit, Offenheit und Ordnung.

Zu den typischen Fragen, die Ihnen während eines Online-Interviews gestellt werden, gehören:

- *Could you tell me a bit about yourself?*
- *Why are you interested in working for us?*
- *Why should we hire you?*
- *What are your greatest strengths and weaknesses?*
- *What motivates you?*
- *Why do you want to leave your current job?*

DIGITALE EXTRAS

Leitfaden: Videointerview

Vor dem Interview
• Bereiten Sie sich frühzeitig und eingehend auf das Videointerview vor. • Wählen Sie ein passendes Bewerbungs-Outfit. • Suchen Sie sich einen ruhigen Ort für das Gespräch aus. Geräusche im Hintergrund lassen das Gespräch hektisch werden und machen es schwierig, sich auf die Antworten fokussieren. • Planen Sie ausreichend Zeit ein. Etwa 15 bis 30 Minuten für erste Sondierungsgespräche. Weitere Interviewrunden per Videokonferenz dauern meist länger als 30 Minuten. • Laden Sie bei Bedarf die entsprechende Software bzw. App herunter und machen Sie sich mit dem Handling vertraut. • Sorgen Sie für eine stabile Internetverbindung. • Testen Sie Headset und Webcam. • Sorgen Sie für einen geeigneten Hintergrund und gute Lichtverhältnisse. • Achten Sie auf einen angemessenen Abstand zur Kamera. • Stellen Sie sich ein Glas Wasser bereit. • Legen Sie Papier und Stift griffbereit, um Notizen machen zu können. • Machen Sie sich einen Spickzettel, auf dem Sie wichtige Informationen stichpunktartig notieren. Legen Sie Ihren Lebenslauf auf Englisch und sonstige erforderlichen Unterlagen bereit. • Loggen Sie sich frühzeitig ein.
Während des Interviews
• Stellen Sie sich vor und begrüßen Sie den/die Gesprächspartner*innen mit Namen. • Bedanken Sie sich für das Interview. • Achten Sie auf eine aufrechte Körperhaltung, angemessenen Abstand zur Kamera und blicken Sie in die Kamera. • Hören Sie aufmerksam zu. • Lassen Sie Ihre Gesprächspartner*innen ausreden. • Sprechen Sie ruhig und deutlich. • Lächeln Sie während des Gesprächs so oft wie möglich, das verleiht Ihrer Stimme etwas Positives. • Bringen Sie Ihre Motivation zum Ausdruck. • Seien Sie selbstbewusst, ohne überheblich zu sein. • Bleiben Sie authentisch und bei der Wahrheit. • Fragen Sie nach, wenn Sie eine Frage nicht richtig verstanden haben. • Stellen Sie eigene Fragen und zeigen Sie damit Ihr Interesse. • Verabschieden Sie sich von jede/jeden Gesprächspartner*in persönlich.
Nach dem Interview
• Bedanken Sie sich noch einmal schriftlich für das Gespräch. Zudem haben Sie hier die Möglichkeit, Punkte zu erwähnen, die Sie im Vorstellungsgespräch vergessen haben. • Analysieren Sie das Gespräch: Was lief gut, was lief nicht so gut? • Stellen Sie sich die Frage: Passen Unternehmen und Job zu mir? • Fassen Sie bei Bedarf nach zwei bis drei Wochen noch einmal telefonisch oder per Mail nach.

1.4 Gruppeninterview und Assessment-Center

Gruppeninterviews und Assessment-Center sind eine besondere Form von Vorstellungsgesprächen, bei denen Sie gemeinsam mit anderen Jobanwärtern interviewt werden. Personalentscheider nutzen dieses Interviewformat, um eine Vorauswahl zu treffen und geeignete Kandidat*innen für die Stelle herauszufiltern.

In der Regel laufen Gruppeninterviews bzw. Assessment-Center wie folgt ab: Die Bewerber*innen erhalten zunächst Informationen über das Unternehmen. Danach stellen sich die Kandidat*innen kurz selbst vor. Im Anschluss fragen die Interviewer*innen gezielt nach. Insbesondere in Assessment-Centern müssen die Kandidat*innen zusätzlich gemeinsam Aufgaben lösen, mit denen Recruiter*innen vor allem folgende Kompetenzen bzw. Soft Skills prüfen möchten:

- Teamfähigkeit
- Selbstbewusstsein
- Stressresistenz
- Kommunikationsfähigkeit
- Lösungsorientierung
- Führungsqualität

Zu den typischen Fragen, die Ihnen während eines Gruppeninterviews gestellt werden, gehören:

- *How would you describe yourself?*
- *Can you describe a situation where you exceeded the expectation of a customer?*
- *How would you encourage a customer to purchase one of our products?*
- *How do you think your core values fit in with our company's culture?*
- *What are your goals and how does this company and job fit with these goals?*
- *What would you bring to this position?*

DIGITALE EXTRAS

Leitfaden: Gruppeninterview/Assessment-Center

Vor dem Interview
• Bereiten Sie sich frühzeitig und eingehend auf das Gespräch vor. • Planen Sie ausreichend Zeit für die Anreise ein, damit keine Hektik aufkommt. • Wählen Sie ein passendes Bewerbungs-Outfit. • Nehmen Sie alle erforderlichen Bewerbungsunterlagen zum Interview mit.
Während des Interviews
• Stellen Sie sich vor und begrüßen Sie die Gesprächspartner*innen mit Namen. • Nehmen Sie erst Platz, wenn Sie dazu aufgefordert werden. • Bedanken Sie sich für das Interview. • Fokussieren Sie sich auf die Fragen und Aussagen des*der Interviewers/Interviewerin und lassen Sie sich nicht von anderen Kandidat*innen ablenken. • Bedenken Sie, dass Sie stets beobachtet und geprüft werden, auch wenn Sie gerade nicht sprechen. • Vergleichen Sie sich nicht mit anderen Bewerber*innen, sondern konzentrieren Sie sich auf Ihre eigenen Kompetenzen und Stärken. • Geben Sie kurze und prägnante Antworten, ohne groß auszuholen. Durch die Zahl der Mitbewerber ist die Zeit für Antworten in Gruppeninterviews meist eingeschränkt. • Hören Sie aufmerksam zu. • Fragen Sie nach, wenn Sie eine Frage nicht richtig verstanden haben. • Lassen Sie Ihre Gesprächspartner*innen ausreden. • Achten Sie auf Ihre Körpersprache. • Halten Sie Blickkontakt. • Sprechen Sie ruhig und deutlich. • Lächeln Sie wärhend des Gesprächs so oft wie möglich, das verleiht Ihrer Stimme etwas Positives. • Zeigen Sie Ihre Motivation. • Seien Sie selbstbewusst, ohne überheblich zu sein. • Bleiben Sie authentisch und bei der Wahrheit. • Stellen Sie eigene Fragen und zeigen Sie damit Ihr Interesse. • Verabschieden Sie sich von jedem/jeder Gesprächspartner*in persönlich.
Nach dem Interview
• Bedanken Sie sich noch einmal schriftlich für das Gespräch. Zudem haben Sie hier die Möglichkeit, Punkte zu erwähnen, die Sie im Vorstellungsgespräch vergessen haben. • Analysieren Sie das Gespräch: Was lief gut, was lief nicht so gut? • Stellen Sie sich die Frage: Passen Unternehmen und Job zu mir? • Fassen Sie bei Bedarf nach zwei bis drei Wochen noch einmal telefonisch oder per Mail nach.

1.5 Screening-Interview

Das Screening-Interview ist gewöhnlich das erste Gespräch im Verlauf des gesamten Bewerbungsprozesses und dient dazu, den Bewerberpool einzugrenzen. Das Gespräch wird häufig telefonisch von Mitarbeiter*innen der Personalabteilung oder von externen Recruitern durchgeführt.

Rechnen Sie im Screening-Interview mit sehr funktionalen Fragen. Damit möchten die Interviewer*innen herausfinden, ob Sie über die erforderlichen Fähigkeiten verfügen.

Auch wenn dieses erste Gespräch gewöhnlich nicht sehr lang dauert, ist es wichtig, dass Sie sehr gut vorbereitet sind, denn es muss Ihnen gelingen, sich entsprechend zu profilieren und es in die nächste Runde des Bewerbungsprozesses zu schaffen. Daher sollten Sie immer versuchen, unangekündigte Anrufe von Recruitern auf einen späteren Termin zu verschieben.

Zu den typischen Fragen, die Ihnen während eines Screening-Interviews gestellt werden, gehören:

- *Can you tell me about yourself?*
- *Why do you want to work for our company?*
- *What is your ideal work environment?*
- *What are your key skills?*
- *Where do you see yourself in five years?*
- *When would you be available to start working for us?*
- *What salary range are you targeting for this position?*

DIGITALE EXTRAS

Leitfaden: Screening-Interview

Vor dem Interview
• Bereiten Sie sich frühzeitig und eingehend auf das Telefongespräch vor. Das heißt, verschieben Sie unangekündigte Anrufe auf einen späteren Zeitpunkt. • Suchen Sie sich einen ruhigen Ort für das Gespräch aus. Geräusche im Hintergrund lassen das Gespräch hektisch werden, erschweren die Verständigung und machen es schwierig, sich auf Antworten fokussieren. • Planen Sie ausreichend Zeit ein. Screening-Interviews dauern in der Regel nicht länger als 15 bis 30 Minuten. • Sorgen Sie für eine stabile Telefonverbindung. Nutzen Sie am besten ein Festnetztelefon und kein Handy. • Legen Sie Papier und Stift griffbereit, um Notizen machen zu können. • Machen Sie sich einen Spickzettel, auf dem Sie wichtige Informationen stichpunktartig notieren. • Legen Sie Ihren Lebenslauf auf Englisch und sonstige erforderliche Unterlagen bereit.
Während des Interviews
• Melden Sie sich mit Ihrem vollen Namen und begrüßen Sie den Gesprächspartner mit Namen. • Bedanken Sie sich für das Interview. • Hören Sie aufmerksam zu und fragen Sie nach, wenn Sie etwas nicht verstehen. • Lassen Sie Ihre Gesprächspartner*innen ausreden. • Sprechen Sie ruhig und deutlich. • Auch wenn der*die Interviewer*in Sie nicht sieht, lächeln Sie so oft wie möglich. Das verleiht Ihrer Stimme etwas Positives. • Bringen Sie Ihre Motivation zum Ausdruck. • Zeigen Sie sich selbstbewusst, ohne überheblich zu sein. • Bleiben Sie authentisch und bei der Wahrheit.
Nach dem Interview
• Bedanken Sie sich noch einmal schriftlich für das Gespräch. Heben Sie Ihre Eignung für die Stelle und was Sie auszeichnet hervor. • Analysieren Sie das Gespräch: Was lief gut, was lief nicht so gut? • Bereiten Sie sich auf die nächste Interviewrunde vor. • Fassen Sie bei Bedarf nach zwei bis drei Wochen noch einmal telefonisch oder per Mail nach.

2 Fragetypen

Interviewer*innen nutzen verschiedene Fragetechniken, um Vorstellungsgespräche in eine gewünschte Richtung zu lenken und damit bei Bewerber*innen ein bestimmtes Verhalten auszulösen. Zu den Klassikern gehören die Informationsfragen, aber darüber hinaus gibt es viele unterschiedliche Fragenarten. Die wichtigsten stellen wir Ihnen hier vor. Sie sollten sie kennen und wissen, wie Sie auf solche Fragen am besten reagieren.

2.1 Offene, halboffene und geschlossene Fragen

Geschlossene Fragen dienen dazu, Fakten abzufragen, und können mit Ja oder Nein beantwortet werden. Selbst wenn Ihnen der*die Interviewer*in eine geschlossene Frage stellt, reicht ein einfaches Ja oder Nein als Antwort aber nicht aus. Interviewer*innen erwarten hier auch eine Begründung. Die Frage »*Do you like your current job?*« nur mit »*Yes, I do!*« zu beantworten, ist wenig aussagekräftig. Eine bessere Antwort wäre zum Beispiel: »*Yes, I really enjoy my current job, in particular the project management aspect of it, which I took on five months ago.*«

Typische geschlossene Fragen sind:

- *Are you comfortable with relocating to another country?*
- *Are you a goal-oriented person?*
- *Do you have experience with digital marketing?*
- *Can you say no?*

Offene Fragen lassen Spielraum bei der Antwort. Bewerber*innen haben hier die Möglichen, frei und ohne Einschränkung zu berichten. Wenn Sie offene Fragen beantworten, sollten Sie nicht zu wortkarg erscheinen.

Typische offene Fragen sind:

- *How would you describe yourself?*
- *What motivates you?*
- *What do you see as your strengths?*
- *Why are you interested in this position?*
- *Why should we employ you?*
- *How do you deal with conflict?*

Halboffene Fragen sind Entweder-oder-Fragen, die sich nicht mit einem einfachen Ja oder Nein beantworten lassen, sondern den Antwortenden dazu auffordern, seine Antwort zu begründen. Wenn Sie halboffene Fragen im Vorstellungsgespräch beantworten, sollten Sie dies aktiv aus der Ich-Perspektive tun. Halboffene Fragen müssen gewöhnlich nicht so ausführlich beantwortet werden wie offene Fragen.

Typische halboffene Fragen sind:
- *If you had the choice, would you rather work independently or in a team?*
- *Would you say you are someone who rather works more quickly than more accurately?*

2.2 Informationsfragen

Informationsfragen werden meist als offene Fragen formuliert und dienen dazu, bestimmte Informationen von den Bewerber*innen zu erhalten.

Typische Informationsfragen sind:
- *Can you tell me a bit about your career path so far?*
- *What does a typical working day look like for you?*
- *What are some of the biggest challenges you face in your day-to-day work?*
- *What responsibilities does your current job involve?*

2.3 Kompetenzbasierte Fragen

Bei kompetenzbasierten Fragen liegt der Fokus auf Ihren bisherigen Arbeitserfahrungen. Interviewer*innen hinterfragen damit Ihre Kompetenzen und Fähigkeiten. Viele Bewerber*innen werden mit Kompetenzfragen leicht aus dem Konzept gebracht und wer schlecht vorbereitet in ein kompetenzbasiertes Interview geht, hat kaum Chancen, die Bewerbung mit einer Zusage abzuschließen. Wenn Sie kompetenzbasierte Fragen beantworten, sollten Sie sich immer an der sogenannten STAR-Methode orientieren. »STAR« steht für:

S =	*Situation* – beschreiben Sie die Ausgangssituation	*»In my last role as a complaints manager one of my colleagues unfortunately caught Covid and was off sick for several months due to the effects of long Covid.*
T =	*Task* – was war Ihre Rolle in der Situation?	*Although I was already handling a full work load, I was asked to take over my colleague's duties as well.*
A =	*Action* – welche Schritte haben Sie unternommen, um mit der Situation umzugehen?	*I first carefully evaluated and restructured my tasks to make sure I could manage all my duties.*
R =	*Result* – was war das Ergebnis?	*Through this reorganisation of my work load and some overtime I was able to complete my duties in the same quality and accuracy as before.«*

Mit der STAR-Methode sind Sie in der Lage, anhand konkreter Beispiele Ihr Verhalten und damit auch ihre Lösungskompetenzen aufzuzeigen. Hierbei ist die Reihenfolge Situation → Aufgabe → Aktion → Ergebnis allerdings nicht zwingend vorgeschrieben. Sie können zum Beispiel auch zuerst die Aufgabe beschreiben, bevor Sie auf die Situation eingehen.

> **Beispiel**
>
> »I was given the job as lead designer in my last company with the aim of developing a range of smart lawnmowers **(Aufgabe)**, which did not exist on the market **(Situation)**. Together with my team of engineers and designers we developed prototypes and successfully performed field tests **(Handlung)**. After a lead time of less than a year the new smart lawnmowers were launched and resulted in a rise in sales of more than 20 % for the company **(Ergebnis)**.«

Typische kompetenzbasierte Fragen sind:

- *What has been your biggest achievement to date?*
- *Tell me about a time when your communication skills improved a situation.*
- *Give an example of a situation where you solved a problem in a creative way.*
- *Give me an example of when you worked in a team.*

2.4 Verhaltensbasierte Fragen

Genau wie bei kompetenzbasierten Fragen liegt der Fokus bei verhaltensbasierten Fragen auf Ihren bisherigen Arbeitserfahrungen. Bei diesen Fragen geht es aber eher darum, etwas über Ihre Persönlichkeit zu erfahren und wie Sie sich in bestimmten Situationen verhalten. Interviewer*innen möchten dadurch herausfinden, ob Sie zur Unternehmenskultur passen und Sie die persönlichen Voraussetzungen mitbringen, um die Stelle erfolgreich zu besetzen. Auch hier sollten Sie sich bei Ihren Antworten stets an der STAR-Methode orientieren.

Typische verhaltensbasierte Fragen sind:

- *Have you ever taken a risky decision and why?*
- *Have you ever dealt with a difficult situation with your manager?*
- *Tell me about a time when you made a mistake.*
- *What do you do when you don't agree with a colleague?*
- *Describe a time when you had to interact with a difficult client. What was the situation, and how did you handle it?*

3 Vorbereitung auf das Interview

Sie haben es geschafft! Ihre schriftlichen Bewerbungsunterlagen haben Ihnen eine Einladung zum Vorstellungsgespräch eingebracht. Sie haben somit schon mal einen Fuß in der Tür – jetzt gilt es, mit einem überzeugenden Vorstellungsgespräch die Tür zuzumachen.

Gemeinsam mit Ihnen haben es mit Sicherheit noch eine ganze Reihe von Mitbewerbern in die engere Auswahl geschafft. Damit die Entscheidung letztendlich auf Sie fällt, müssen Sie sich also von den anderen Kandidat*innen abheben. Neben einem natürlichen Auftreten, einem passenden Outfit und einer authentischen Körpersprache kommt es aber vor allem auf eine frühzeitige und akribische Vorbereitung auf das Vorstellungsgespräch an. Je besser Sie vorbereitet sind, desto ruhiger werden Sie in das Vorstellungsgespräch gehen.

Was gehört zu einer guten Vorbereitung?

- Beginnen Sie frühzeitig! Warten Sie nicht, bis Ihnen die Einladung vorliegt, sondern starten Sie, sobald Sie Ihre schriftlichen Bewerbungsunterlagen abgeschickt haben.
- Recherchieren Sie im Vorfeld alle notwendigen Informationen über das Unternehmen und die ausgeschriebene Stelle. Wenn Sie die Person, die Sie interviewen wird, namentlich kennen, empfiehlt sich auch ein Besuch auf dem Xing- bzw. LinkedIn-Profil. Aber Achtung! Senden Sie keine Kontaktanfrage, das wirkt unprofessionell.
- Studieren Sie die Stellenausschreibung.
- Bereiten Sie sich mental auf das Interview vor.
- Überlegen Sie, wie Sie mögliche Interviewfragen beantworten möchten.
- Nehmen Sie Ihre Antworten auf und hören Sie sie sich an.

Simulieren Sie das Vorstellungsgespräch in einem Rollenspiel gemeinsam mit einer vertrauten Person. Alternativ können Sie das Gespräch auch vor einem Spiegel üben. Nehmen Sie sich per Video auf, damit Sie sich das Ganze noch einmal in Ruhe anschauen können.

3.1 Daten und Fakten sammeln

Fragen zum Unternehmen sind ein fester Bestandteil von Jobinterviews. Damit möchten Interviewer*innen sichergehen, dass Sie sich bewusst bei diesem Unternehmen beworben haben und Ihnen nicht egal ist, für wen Sie arbeiten.

Dem Internet sei Dank ist es heutzutage sehr einfach, an Informationen über Unternehmen zu kommen, auch wenn Ihr Wunscharbeitgeber im Ausland sitzt. Ein erster Anlaufpunkt für Ihre Recherchen sollte die englischsprachige Homepage des Unternehmens sein. So können Sie sich gleich mit wichtigen Fachgegriffen vertraut machen. Ideal ist es, wenn es die Internetseiten auch auf Deutsch gibt, so können Sie bei Bedarf zwischen den Seiten hin- und herspringen.

Zu den Informationen, die Sie über das Unternehmen sammeln sollten, gehören beispielsweise:

- Produkte des Unternehmens
- Unternehmensstandorte
- Mitarbeiterzahlen
- Informationen über die Unternehmensleitung
- Unternehmensgeschichte
- aktuelle Zahlen zum Unternehmen
- aktuelle News
- Vision und strategische Ziele des Unternehmens
- Informationen zur Nachhaltigkeit

! **Tipp**

Um Ihre Recherche aktuell und übersichtlich zu halten, können Sie beispielsweise auf der Google-Suchseite einen Zeitraum für die Suchergebnisse definieren. Ein weiteres nützliches Tool, um bei Ihren Recherchen ständig auf dem Laufenden zu bleiben, ist Google-Alert. Sobald neue Inhalte zu einem bestimmten Suchbegriff im Internet veröffentlicht werden, werden Sie von Google per E-Mail informiert.

3.2 Mentale Vorbereitung

Sie haben es bis zum Vorstellungsgespräch geschafft, Sie sind Ihrem Ziel so nah. Jetzt bloß keinen Fehler mehr machen, denken Sie jetzt vielleicht. Aber: Je mehr Sie über das bevorstehende Gespräch und was alles schiefgehen kann, nachdenken, desto nervöser werden Sie. Um beim Vorstellungsgespräch die Ruhe zu bewahren und souverän zu bleiben, können folgende Maßnahmen helfen:

- Setzen Sie sich nicht unter Druck, sondern sehen Sie das Interview als Chance.
- Stärken Sie Ihr Selbstbewusstsein, indem Sie sich klarmachen, warum Sie die Stelle gern haben möchten, welche Stärken, Kompetenzen und Eigenschaften Sie mitbringen.
- Üben Sie das Vorstellungsgespräch. Je öfter Sie die Interviewsituation simulieren, desto gelassener werden Sie.
- Machen Sie sich bewusst, dass Sie gut vorbereitet sind.

- Gehen Sie mit der Einstellung in das Gespräch, dass Sie der ideale Kandidat für die Stelle sind.
- Planen Sie ausreichend Zeit für eine entspannte Anreise zum Interviewort ein. Wenn Sie gehetzt am Interviewort ankommen, steigern sich Stresspegel und Nervosität ins Unermessliche.

3.3 Sprachliche Vorbereitung

Für ein Vorstellungsgespräch auf Englisch ist auch eine fundierte sprachliche Vorbereitung essenziell. Mit den folgenden Tipps sollte dies kein Problem sein:

Tipps zur sprachlichen Vorbereitung !

- **Lernen Sie englische Fachbegriffe der Branche**
  Eine gute Ressource hierfür ist zum Beispiel der Internetauftritt, Präsentationen und Publikationen des Unternehmens. Auch eine Recherche über Konkurrenzfirmen kann sich hier lohnen.
- **Lesen Sie Ihre englischen Bewerbungsunterlagen**
  Machen Sie sich mit Ihren englischen Bewerbungsunterlagen vertraut. Sofern Sie sich auf Deutsch beworben haben, lohnt es sich, die Unterlagen ins Englische zu übersetzen.
- **Üben Sie Ihr Hörverständnis**
  Zu einer guten Kommunikation mit Interviewer*innen gehört auch das Hörverständnis. Insbesondere bei Vorstellungsgesprächen per Telefon kann es passieren, dass Sie Ihre Gesprächspartnerin oder Ihren Gesprächspartner nicht gut verstehen. Eine gute Möglichkeit, um Ihr Hörverständnis zu trainieren, sind beispielsweise Podcasts. Idealerweise wählen Sie hier Podcasts, die etwas mit Ihrem Berufsfeld zu tun haben.
- **Kommunizieren Sie auf Englisch**
  Übung macht den Meister! Nutzen Sie daher jede sich bietende Möglichkeit, um auf Englisch zu kommunizieren.
- **Üben Sie Interviewsituationen mit einem englischen Muttersprachler**
  Suchen Sie sich einen englischsprachigen Sparringspartner, mit dem Sie Ihr Vorstellungsgespräch auf Englisch simulieren und an Ihrer Technik feilen können.
- **Trainieren Sie das Wechseln der Sprache**
  Zum Testen von Sprachkenntnissen wechseln Interviewer*innen gern und unerwartet von einer Sprache in die andere. Damit Sie gekonnt auf diese Situation reagieren können, sollten Sie diese spontanen Sprachwechsel üben.
- **Testen Sie Ihre Englischkenntnisse**
  Es ist immer gut zu wissen, wie es um Ihre Englischkenntnisse steht. Dazu können Sie zahlreiche kostenlose Sprachtests im Netz finden, oder aber zertifizierte Sprachprüfungen ablegen. Zu den bekanntesten gehören TOEFL, Cambridge Certificate, IELTS. Am Ende des Buches finden Sie zudem ein Sprachquiz, mit dem Sie Ihre Sprachkenntnisse überprüfen können.

3.4 Checklisten zur Interview-Vorbereitung

Nutzen Sie die folgenden Checklisten, um sich optimal auf ein anstehendes Vorstellungsgespräch vorzubereiten und sicherzustellen, dass Sie nichts vergessen haben. Die Checklisten stehen selbstverständlich auch online zum Download zur Verfügung.

DIGITALE EXTRAS

Checkliste: Face-to-Face-Interview

Checkliste für Face-to-Face-Interviews	✓
Interviewkoordinaten:	
Datum: ______________ Uhrzeit: ______________ Interviewort: ______________ Gesprächsteilnehmer: ______________	
Reiseplan für die Anreise zum Gesprächstermin erstellt.	
Erforderliche Bewerbungsunterlagen für das Vorstellungsgespräch zusammengestellt.	
Recherchen über das Unternehmen angestellt: • Produkte/Dienstleistungen des Unternehmens • Unternehmensstandorte • Unternehmensgröße/Mitarbeiterzahlen • Informationen über die Unternehmensleitung • Unternehmensgeschichte • aktuelle Zahlen zum Unternehmen • aktuelle Corporate News • Vision und strategische Ziele des Unternehmens	
Stellenausschreibung studiert.	
Antworten auf mögliche Interviewfragen vorbereitet.	
Persönliche Gehaltsvorstellung und möglicher Eintrittstermin stehen fest.	
Vorstellungsgespräch geübt.	
Passendes Outfit zurechtgelegt.	
Interviewnachbearbeitung vorbereitet.	

DIGITALE EXTRAS

Checkliste: Telefoninterview

Checkliste für Telefoninterviews	✓
Interviewkoordinaten: Datum: ______________________ Uhrzeit: ______________________ Gesprächsteilnehmer: ______________________ Telefonnummer(n): ______________________	
Erforderliche Bewerbungsunterlagen für das Vorstellungsgespräch zusammengestellt.	
Recherchen über das Unternehmen angestellt: • Produkte/Dienstleistungen des Unternehmens • Unternehmensstandorte • Unternehmensgröße/Mitarbeiterzahlen • Informationen über die Unternehmensleitung • Unternehmensgeschichte • aktuelle Zahlen zum Unternehmen • aktuelle Corporate News • Vision und strategische Ziele des Unternehmens	
Stellenausschreibung studiert.	
Antworten auf mögliche Interviewfragen vorbereitet.	
Vorstellungsgespräch geübt.	
Persönliche Gehaltsvorstellung und möglicher Eintrittstermin stehen fest.	
Interviewnachbearbeitung vorbereitet.	
Unmittelbar vor dem Interview: • Der Gesprächsort ist ruhig, keine störenden Hintergrundgeräusche. • Eine stabile Telefonverbindung steht. • Spickzettel und Bewerbungsunterlagen liegen bereit. • Papier und Stift liegen griffbereit. • Ein Glas Wasser steht bereit.	

DIGITALE EXTRAS

Checkliste: Videointerview

Checkliste für Videointerviews	✓
Interviewkoordinaten: Datum: ______________________ Uhrzeit: ______________________ Gesprächsteilnehmer: ______________________ Zugangskoordinaten: ______________________	
Erforderliche Bewerbungsunterlagen für das Vorstellungsgespräch zusammengestellt.	
Recherchen über das Unternehmen angestellt: • Produkte/Dienstleistungen des Unternehmens • Unternehmensstandorte • Unternehmensgröße/Mitarbeiterzahlen • Informationen über die Unternehmensleitung • Unternehmensgeschichte • aktuelle Zahlen zum Unternehmen • aktuelle Corporate News • Vision und strategische Ziele des Unternehmens	
Stellenausschreibung studiert.	
Antworten auf mögliche Interviewfragen vorbereitet.	
Vorstellungsgespräch geübt.	
Persönliche Gehaltsvorstellung und möglicher Eintrittstermin stehen fest.	
Interviewnachbearbeitung vorbereitet.	
Erforderliche Software/Tools für Videokonferenzen sind installiert und das Handling ist vertraut.	
Hardware (Computer, Headset und Webcam) sind getestet und funktionieren.	
Stabile Internetverbindung steht zur Verfügung.	
Unmittelbar vor dem Interview: • Gesprächsort ist ruhig, keine störenden Hintergrundgeräusche. • Spickzettel und Bewerbungsunterlagen liegen bereit. • Papier und Stift liegen griffbereit. • Ein Glas Wasser steht bereit. • Hintergrund und Lichtverhältnisse sind gut. • Gute Sitzposition mit einem adäquaten Abstand zur Kamera gewählt.	
Ich bin eingeloggt – es kann losgehen!	

4 No-Gos beim Vorstellungsgespräch

Manchmal wird die Hoffnung auf eine Stellenzusage durch unnötige Fehler zunichte gemacht. Hier erfahren Sie, welche Fehler Sie tunlichst in Ihrem Jobinterview vermeiden sollten.

- **Nicht pünktlich zum Vorstellungstermin zu erscheinen**
  Erscheinen Sie weder zu spät noch zu früh zu Ihrem Bewerbungsgespräch. Es leuchtet ein, dass es keinen guten Eindruck macht, wenn Sie Interviewer*innen warten lassen. Genauso wenig professionell wirkt es aber, wenn Sie deutlich zu früh erscheinen. Sollten Sie zu früh dran sind, dann warten Sie nicht am Empfang, sondern drehen lieber noch eine Runde oder warten in einem Café.
- **Nicht genug über das Unternehmen und die angestrebte Stelle wissen**
  Schon so mancher qualifizierte Kandidat hat sich durch seine Ahnungslosigkeit über das Unternehmen und die Position als inkompetent geoutet.
- **Fehlender Enthusiasmus**
  Neben Ihrer Kompetenz wollen Interviewer*innen auch Ihre Motivation und Begeisterung für die Stelle spüren. Machen Sie Ihren Enthusiasmus im Vorstellungsgespräch deutlich, indem Sie clevere Rückfragen zum Job und dessen Herausforderungen stellen. Machen Sie deutlich, dass es genau diese Stelle ist, die Sie haben möchten.
- **Schlechte Körpersprache**
  Zu den No-Gos der Körpersprache gehören: fehlender Augenkontakt, schlechte Sitzhaltung, Verschränken der Arme vor dem Körper, nervöse Gesten, zu wenig lächeln.
- **Nicht authentisch wirken**
  Die Chancen auf Erfolg im Vorstellungsgespräch sinken praktisch auf null, wenn Ihr*e Gesprächspartner*in das Gefühl hat, Sie spielen ihm*ihr etwas vor. Glaubwürdigkeit, Ehrlichkeit und Offenheit zahlen sich im Vorstellungsgespräch aus.
- **Überhebliches und arrogantes Verhalten**
  Recruiter schätzen selbstbewusste Kandidat*innen. Doch der Grat zwischen Selbstbewusstsein und Arroganz ist ein schmaler. Das gute alte Sprichwort »Hochmut kommt vor dem Fall« gilt auch im Jobinterview. Bedenken Sie dabei aber immer, dass es kulturelle Unterschiede gibt. Was in Deutschland als arrogantes Verhalten ausgelegt wird, gilt in anderen Ländern, wie beispielsweise den USA, als gesundes Selbstbewusstsein. Hier ist Fingerspitzengefühl gefragt.
- **Unpassende Kleiderwahl**
  Kleider machen Leute, das gilt auch beim Vorstellungsgespräch. Ihr äußeres Erscheinungsbild prägt den ersten Eindruck, den Interviewer*innen von Ihnen bekommen. Damit Sie weder under- noch overdressed zum Termin erscheinen, sollten Sie sich vorab informieren, welcher Dresscode in der Branche üblich ist, und Ihr Outfit entsprechend wählen.

- **Schlechte Selbstpräsentation**
  Sie müssen in der Lage sein, Ihren Werdegang flüssig und strukturiert zu präsentieren. Ein chronologisches Aufzählen Ihrer Angaben im Lebenslauf, die Sie womöglich noch auswendig gelernt haben, gilt als unprofessionell. Bereiten Sie sich daher intensiv auf die Frage »*Tell us a bit about yourself*« vor. Tipps und Beispielantworten auf diese Frage finden Sie im Kapitel 5.2.
- **Nicht richtig zuhören**
  Ein Vorstellungsgespräch ist eine nervenaufreibende Angelegenheit und da kann es leicht passieren, dass man vor lauter Aufregung seinem Gegenüber nicht richtig zuhört. Gerade in Bewerbungsgesprächen in einer Fremdsprache kann das fatale Folgen haben. Fragen können leicht missverstanden werden – und eine völlig falsche Antwort auf eine Frage zu geben, weil man nur die Hälfte mitbekommen hat, kann sehr peinlich sein. Hören Sie daher Ihren Gesprächspartner*innen konzentriert zu und fragen Sie bei Bedarf nach.
- **Sich über andere beschweren**
  Ein absolutes No-Go im Vorstellungsgespräch ist es, sich über Kolleg*innen oder Vorgesetzte zu beschweren.
- **Übertriebene oder unwahre Angaben im Lebenslauf**
  Es kommt nur zu häufig vor, dass Bewerber*innen bei den Angaben im Lebenslauf übertreiben. Dies rächt sich spätestens im Vorstellungsgespräch, wenn der*die Interviewer*in nachhakt. Fliegen Sie auf, können Sie sich von Ihrem Traumjob gleich wieder verabschieden.
- **No-Gos auf Englisch**
  Folgende Ausdrücke bzw. Aussagen sollten Sie in Ihrem englischen Bewerbungsgespräch tunlichst **vermeiden**, denn sie wirken auf Interviewer*innen wie ein rotes Tuch:
  - *I don't mean to be rude ...*
  - *With respect ...*
  - *You've got to ...*
  - *You must ...*
  - *You have to ...*
  - *That's stupid.*
  - *I don't mind.*
  - *I don't know.*
  - *If I'm really honest ...*
  - *To tell the truth ...*
  - *I don't have any questions.*

  Aussagen, die **fehlendes Selbstbewusstsein** suggerieren:
  - *This job would be a challenge for me.*
  - *I'm not bad at ...*
  - *I'd be prepared to give it a go.*

- *My colleagues are always telling me I'm quite good at …*
- *I haven't really thought about it.*
- *I don't know.*
- *I'd give it a try.*
- *I think I would be able to…*
- *I suppose so.*
- *I might be all right.*
- *I should be able to cope.*

Aussagen, die ein **übertriebenes Selbstbewusstsein** suggerieren:

- *I'm the best.*
- *I guarantee you won't regret it.*
- *I'm really, really good.*
- *I'm known to be the top in that.*
- *I never fail.*
- *I know I can do this job better than any of the other candidates.*
- *I'm successful in everything I turn my hand at.*
- *I'm a winner, not a loser.*
- *I've had lots of job offers.*

5 101 Interviewfragen

Auf den folgenden Seiten finden Sie 101 typische Fragen, die in Vorstellungsgesprächen auf Englisch gern gestellt werden. Sie erfahren, was es mit jeder Frage auf sich hat, und finden Tipps, wie Sie diese souverän beantworten können. Für jede Frage gibt es jeweils zwei positive Beispielantworten, die Ihnen bei Ihrer Vorbereitung auf das Interview als Ideengeber und Formulierungshelfer für Ihre persönliche Antwort dienen können.

5.1 Begrüßung und Small Talk zu Gesprächsbeginn

Nach einer förmlichen Begrüßung beginnt fast jedes Vorstellungsgespräch auf Englisch mit etwas Small Talk. Vordergründig geht es dabei darum, die Atmosphäre etwas aufzulockern, aber während dieser scheinbar belanglosen Plauderei über Gott und die Welt macht sich Ihr Gegenüber bereits einen ersten Eindruck, was Ihre Persönlichkeit, Einstellung, aber auch Ihre englischen Sprachkenntnisse anbelangt. Noch wichtiger: Der Small Talk trägt entscheidend dazu bei, ob Interviewer*innen Sie sympathisch finden oder nicht.

Beherzigen Sie folgende Tipps für die Small-Talk-Phase während des Vorstellungsgesprächs:

- Seien Sie freundlich und natürlich.
- Zeigen Sie sich positiv und motiviert – beklagen Sie sich über nichts, nicht mal über so was Banales wie das Wetter.
- Halten Sie sich beim Small Talk an die Faustregel: Reden ist Silber, Fragen ist Gold.
- Hören Sie Ihren Gesprächspartner*innen zu und unterbrechen Sie sie nicht.
- Small Talk ist kein Monolog.
- Halten Sie Blickkontakt.
- Themen wie Politik, Religion, Gesundheit oder persönliche Fragen sind tabu.
- Übung macht den Meister.

Warten Sie nicht unbedingt, bis der*die Interviewer*in das Gespräch beginnt, sondern ergreifen Sie selbst die Initiative und bringen das Gespräch in Gang. Neben Fragen nach dem Befinden oder einem Kommentar zum Wetter können folgende Aufhänger als Eisbrecher dienen:

- die Stadt, in der das Interview stattfindet, Sehenswürdigkeiten
- die Anreise

- Dinge, die einem im Foyer beziehungsweise Eingangsbereich des Unternehmens aufgefallen sind wie zum Beispiel eine ausgestellte Maschine oder ein Produkt aus den Gründerjahren, historische Fotos etc.
- Lage und Einrichtung des Büros, in dem das Vorstellungsgespräch stattfindet
- sportliche Großevents, die gerade stattfinden
- Reisen

Das Interview wird voraussichtlich mit folgender Frage beginnen:

How do you do?
Alternative Fragen mit dem gleichen Frageziel:
- *How are you today?*
- *I hope you're okay?*

Dies ist eine typische Frage zu Beginn des Interviews. Genau genommen handelt sich hierbei eigentlich um keine Frage, sondern eine andere Art, »Guten Tag, freut mich, Sie kennenzulernen« zu sagen. Ihr Gegenüber erwartet hier keine ausführliche Antwort über Ihr Wohlbefinden, sondern lediglich eine paar wenige positive Worte gepaart mit einer Gegenfrage. Zudem können Sie Ihre Antwort auch als Aufhänger nutzen, um sich für die Einladung zum Vorstellungsgespräch zu bedanken.

Mögliche Antworten

»I'm fine thanks. I'm very happy to be here today.«

»Fine thanks. Pleased to meet you. I'm grateful for the opportunity to participate in this interview.«

Did you have any trouble finding our office?
Alternative Fragen mit dem gleichen Frageziel:
- *I hope it wasn't too difficult to find your way here.*
- *I hope you found us without trouble.*

Diese Frage gehört zum Standardrepertoire des Small Talks zu Beginn von Vorstellungsgesprächen. Der*Die Interviewer*in stellt Ihnen diese Frage nicht, weil er*sie an Ihrer detaillierten Wegbeschreibung zum Vorstellungstermin interessiert ist, sondern weil er*sie die Situation auflockern und eine freundliche Gesprächsatmosphäre schaffen möchte. Formulieren Sie Ihre Antwort daher positiv, auch wenn Sie alles andere als eine angenehme Anreise hatten.

Mögliche Antworten

»No, not at all. Thanks to the detailed directions you sent me everything ran as smoothly as clockwork.«

»No. No problem at all. I checked your website in advance where I found all the details I needed.«

Did you come to England especially for this interview?
Alternative Fragen mit dem gleichen Frageziel:

- *Was it a lot of trouble to travel abroad for this interview?*
- *Is this job interview the only reason you came to England?*

Findet Ihr Vorstellungsgespräch im Ausland statt, wäre dies auch eine typische Eisbrecherfrage zu Beginn des Interviews. Anders als bei den ersten beiden Fragen haben Sie hier jedoch die Möglichkeit, die Initiative zu ergreifen und eine etwas ausführlichere Antwort zu geben. Sie könnten zum Beispiel anmerken, dass Sie die Gelegenheit genutzt haben, das Land besser kennenzulernen. Denkbar wäre auch, dass Sie selbst eine Frage zu Land und Leuten stellen.

Mögliche Antworten

»Actually I did. Besides being very excited about having the chance to attend this job interview with you, travelling abroad also gave me the chance to explore and learn more about the country and its people. Can you recommend something I should visit while I'm here?«

»While this interview is the main reason I came to England it also gave me the chance to visit some fellow-students I got to know during my year at the London School of Economics. In fact it was back then that I decided that one day I want to work and live in England and I'm hoping that this vacancy will help me to achieve this goal.«

5.1.1 Beispieldialog

Interviewer*in:	Hello, thank you for coming today. I'm Dave Trump. How do you do?
Bewerber*in:	How you do? My name's Ronald Fischer. I'm pleased to meet you.
Interviewer*in:	Please take a seat. I hope you didn't have any trouble finding us?

Bewerber*in: No, I didn't. The journey was absolutely fine. I had clear directions from your HR department.

Interviewer*in: Glad it all went to plan. Well, perhaps we could turn to some more formal matters. I've got your CV in front of me and I have several questions I'd like to ask you.

5.1.2 Formulierungshilfen: effektiver Small Talk

- **Begrüßung**
  - *Good morning/Good afternoon, Ms/Mr … nice to meet you.*
  - *Hello, pleasure to meet you!*
  - *Hello, the pleasure is all mine.*
  - *My name is …, it's a pleasure meeting you.*
  - *How do you do?* – **Antwort:** *How do you do?*
  - *Pleased/Glad to meet you.* – **Antwort:** *Likewise./Pleased to meet you, too.*
  - *How are you?* – **Antwort:** *Fine, thanks.*
- **Sich vorstellen**
  - *I'm … Pleased to meet you.*
  - *My name is … Nice to meet you.*
  - *Let me introduce myself.*
  - *If I could just introduce myself.*
- **Sich für die Einladung zum Vorstellungsgespräch bedanken**
  - *Thank you for inviting me to this interview.*
  - *Thank you for giving me the chance to talk to you today and present myself as a suitable candidate for the vacancy.*
  - *Thank you for your detailed directions on how to get here. It made it very easy for me to find you.*
  - *Thank you for having me today.*
  - *I'm very grateful for the opportunity to talk to you today.*
  - *I'm very happy to have the chance to come to this interview today.*
  - *I've been looking forward to this interview a lot and I'm happy to be here finally.*

! **Sprachtipp: Denken Sie an die Kurzformen!**

Im Englischen werden in der gesprochenen Sprache oft Kurzformen verwendet. Dies gilt insbesondere für Hilfsverben wie *to be* und *to have*. Auch für Jobinterviews sollten Sie diese Kurzformen verwenden. Der nachfolgende Überblick ist für all jene gedacht, die hier eine Regelauffrischung für gebräuchlichen Kurzformen brauchen:

Langform	Kurzform	Negative Kurzform
I am	I'm	I'm not
I have	I've	I've not oder I haven't
I will	I'll	I won't
I can	---	I can't
I would	I'd	I wouldn't
I might	---	I mightn't
I must	---	I mustn't
I could	---	I couldn't

Beispiele für Kurzformen

- I'm here to attend an interview.
- I've worked in HR for over 10 years.
- I couldn't start before the 1st of April.

5.2 Fragen zur beruflichen Laufbahn

Tell me a bit about yourself.

Alternative Fragen mit dem gleichen Frageziel:

- *Can you talk me through your CV?*
- *Can you tell me a bit about your career so far?*

Diese Frage ist ein echter Klassiker unter den Bewerbungsfragen. Sie bildet oft den Übergang von der Aufwärmphase mit Begrüßung und Small Talk zur eigentlichen Fragerunde. Wenn Sie hier einfach die Stationen Ihres Lebenslaufs chronologisch auflisten, werden Sie den*die Interviewer*in nur langweilen. Hier ist vielmehr ein überzeugender Sales Pitch zu Ihrer Person gefragt, bei dem Sie Werdegang, Erfahrungen und Erfolge gewinnbringend präsentieren. Dabei sollte die Selbstpräsentation möglichst nicht länger als fünf Minuten dauern. In dieser kurzen Redezeit müssen Sie alles Wesentliche zu Ihrer Person gekonnt auf den Punkt bringen und Ihrem Gegenüber zudem die Motivation für die Stelle und was Sie daran so reizt, deutlich machen.

Dass dies nicht aus dem Stegreif geht, leuchtet ein. Eine gründliche Vorbereitung ist hier immens wichtig. Das *Professional Statement* in Ihrem Lebenslauf kann hierbei als Grundlage dienen. Üben Sie Ihre Selbstpräsentation, bis Sie sie wie aus dem Effeff beherrschen. Es lohnt sich!

Mögliche Antworten

»I'd like to thank you for your invitation and giving me the chance to introduce myself. My name is Peter Fisher. I studied at Augsburg University and graduated with a Bachelor of Business Administration in Summer 2016. I majored in Marketing in particular in the field of online marketing. Directly after graduating I was offered a job as a Social Media Strategist at Phillips Motorenwerke in Hannover, Germany. I successfully developed and launched a totally new social media presence across multiple platforms for the company. I'm responsible for creating and managing paid social media campaigns. I'm known for being a detail-oriented, well-organized team player who never misses deadlines. I'm a good communicator. In my performance reviews, my supervisor always notes that she appreciates my professionalism and enthusiasm for the job. With this experience under my belt, I'm looking for an opportunity to take the next step in my career, where my efficiency can make a difference to a larger team. That's why I'm so excited about this role.«

»My name is Petra Schuster and I have a Master's Degree in Computer Science from Mannheim University. My field of specialisation is Algorithms for Big Data. I am currently working as a Data Analyst for a large market research company which has its headquarters in the USA. My tasks include the creation of customised data dashboards and I ensure their user friendliness. I support and coordinate large-scale projects and ensure they are delivered on time. When I started the job, the average implementation period was four to five months. By streamlining and restructuring workflows I was able to reduce the time needed by 50 %. As far as I gathered from the job description you are looking for someone with exactly these skills. I'd be excited to use my experiences and skills to meet the challenges of this position.«

What made you choose this career?
Alternative Fragen mit dem gleichen Frageziel:

- *What factors influenced you to opt for this career path?*
- *What was the reason for you following this career?*

Hier werden Sie zu Ihren Beweggründen befragt, die den Ausschlag für die berufliche Laufbahn gegeben haben. Zudem erfahren Interviewer*innen auch, wie intensiv Sie sich mit Ihrer Berufswahl befasst haben oder ob Sie es gar dem Zufall überlassen haben. Mit folgender Antwort werden Sie nicht punkten können: *»I guess I really just dropped into this career field because it was the only thing out there available at the time for someone with my degree. I didn't really plan it that way.«*

Die folgenden Antworten sind Beispiele, wie Sie es besser machen können.

Mögliche Antworten

»I committed myself to an Accounting major in my first year of college. I invested my energy in college preparing myself to become a top accountant. But it was completing my internship after my Junior year when I began to take an interest in tax accounting. I was assigned a mentor that summer who continued to stay with me as my mentor after I graduated and helped me understand the field better and map structure the plans for my career.«

»There were a lot of things that influenced my decision to select this type of career. One of my early mentors was a business friend of the family, who was employed in the insurance sector. She encouraged me to check out opportunities in this field. She supported me in selecting the right direction and to see the potential. However, it was the combination of my own research along with advice from my professors from university that convinced me that it was right for me. In addition I got a practical insight into this field of work during my internship at an insurance firm.«

Could you tell me a bit about your work experience?
Alternative Fragen mit dem gleichen Frageziel:

- *Could you talk me through your work experience?*
- *In which way does your previous work experience prepare you for this kind of job?*
- *In your opinion, does your work experience fit the requirements of this position?*

Personaler wollen mit dieser Frage herausfinden, ob sich Ihre bisherige Berufserfahrung mit den Anforderungen an die zu besetzende Stelle deckt. Ihre Antwort sollte hier nicht zu breit gefasst sein. Betonen Sie vor allem die Erfahrungen und Kompetenzen, die Sie in früheren Positionen gesammelt haben, die für die vakante Position relevant sind. Sie machen damit deutlich, dass Sie die nötigen Fähigkeiten bereits besitzen und somit die ideale Besetzung für die Stelle sind. Wenn möglich belegen Sie Ihre Erfahrung mit Zahlen und konkreten Beispielen. Nutzen Sie die Stellenausschreibung als Grundlage, wenn Sie Ihre Antwort auf diese Interviewfrage vorbereiten.

Mögliche Antworten

»I'd like to select an example from my work experience that supports my application for this position in the marketing department. When I was team leader in sales there were some differences of opinion about our strategy regarding a new client. Half of the team were in favour of complete re-working of their advertising while the others preferred to modify existing material. It was critical for the atmosphere in the team so I proposed dividing the team into two sections and using the approach of each of them depending on the particular product in question.

This system was a major success exploiting an element of competition between the two halves of the sales team.«

»In my second position as department leader of the Customer Service department at a printing press manufacturer I had a team of eight sales support technicians. We had to deal with an increased volume of customer complaints after the launch of a new user interface. This was causing some stress at the workplace. I decided on an immediate plan. First, I set up a task force to gather all specific information from customers. We then used two weekend workshops to analyse the issues. The following three weekends provided seminars and workshops to find solutions for the problems. As I believe that clear communication is vital, team members then attended a follow-up coaching about how to convey information and solutions to customers and colleagues. 95 % of problems were solved within four weeks.«

What did you like in particular about your last job?
Alternative Fragen mit dem gleichen Frageziel:

- *What did you find interesting and useful about your recent job?*
- *Could you describe anything you disliked about your previous job?*
- *Is there anything special you want to mention concerning your last job?*

Interviewer*innen möchte mit dieser Frage herausfinden, wie Sie zu Ihrem gegenwärtigen Job stehen. Ihre Antwort will gut überlegt sein. Es ist hier nicht angebracht, sich über ihre Aufgaben oder gar Arbeitgeber zu beschweren. Denn dies führt unvermeidlich zu einer weiteren unangenehmen Frage, warum Sie die Stelle nicht schon früher aufgegeben haben. Genauso wenig sollten Sie die Stelle zu positiv beschreiben, denn dann laufen Sie Gefahr, gefragt zu werden, warum Sie die Stelle überhaupt wechseln wollen. Nennen Sie hier solche Aufgaben und Kompetenzen, die sich auf die neue Stelle übertragen lassen.

Mögliche Antworten

»Yes, my last job involved working with many of our clients very often in face-to-face situations as well as on the phone and by ZOOM. I particularly appreciated that I had the freedom to make my own decisions regarding customer issues. I believe this created confidence on the side of client's staff. It gave me great support.«

»Well, I couldn't really say that there was anything I disliked about my previous job. The work was interesting and occasionally included business trips to clients abroad. In particular, my trips to Ireland were extremely interesting. I liked the working atmosphere there, the country, its culture and people. I therefore made the well thought-through decision to move to Ireland and pursue my career in your country. When I read the job advert for this vacancy, it was clear to me that this position ideally matches my skills and competencies.«

Could you paint me a picture of your current daily responsibilities?
Alternative Fragen mit dem gleichen Frageziel:

- *Can you describe an average day in your job?*
- *What tasks does your work routinely involve?*

Tappen Sie hier nicht in die Falle, einfach alles zu wiederholen, was in Ihrem Lebenslauf steht. Interviewer*innen wissen in der Regel, was in Ihrem Lebenslauf steht. Konzentrieren Sie sich aufs Wesentliche. Stellen Sie nach Möglichkeit einen Bezug zwischen den Aufgaben Ihres gegenwärtigen Jobs und den Anforderungen der offenen Stelle her. Noch ein kleiner Tipp: Sprechen Sie nicht von *»duties«*, sondern von *»responsibilities«*, wenn Sie über Ihre Aufgaben reden.

Mögliche Antworten

»I work in a medium-sized company in North Rhine Westfalia near to the city of Duesseldorf. At present I am a Group Leader in the Sales Development. I'm in charge of a team of 15 sales professionals. Our main task is the organisation of sales and trade fair events. Our company actually sells services such as stand erection, display planning and consultation and display design for clients across all fields of business. Secondary tasks include giving any special training to the sales personnel who should sell our services to companies wishing to display at the various fairs. Duesseldorf is a leading centre for this type of exhibition. My responsibilities also cover reporting to the board of management on the business development and I'm involved in creating new strategies for the next two fiscal years. In light of my 10 years of experience in sales I understand what is needed by employees in this field in terms of know-how and skills and have therefore been given responsibility for acquiring new sales staff. I'm also directly involved in the complete hiring procedure and interviewing.«

»My present employer belongs to a group of translation companies located all over Germany. I already have approximately 12 years of experience working closely together with German industry so that my tasks include more than merely translation work. My typical day covers several different tasks. For example, I am responsible for collecting the many orders which came the evening or night before from existing clients as well as new potential clients. This collection work occurs digitally and there are numerous enquiries and queries about various items. Special communication skills are required when dealing with worried or slightly uninformed partners. Next comes the distribution of the text to various translators both internal and external. Coordination is complicated because of the timing and tasks of the translators in question. It demands discipline and good organisation and also a good portion of patience. The final task of the typical day is based on communication skills. Clients have to be contacted normally digitally and informed of the status of the work and any issues that are to be ironed out at this time.«

!

Sprachtipp: Geschickt nachfragen

Sie mögen noch so aufmerksam zuhören – es wird trotzdem Situationen geben, in denen Sie etwas nicht verstanden haben. Folgende Formulierungen helfen Ihnen bei Rückfragen:

- *Excuse me, I didn't quite get that.*
- *Could you repeat your question, please?*
- *Sorry, I didn't quite hear what you said.*
- *I'm not quite sure I follow you.*
- *I'm not quite sure whether I understood you correctly.*
- *Sorry, I didn't catch that.*
- *Could you clarify that, please?*
- *I'm not quite sure I know what you mean.*

Why do you wish to leave your current job?

Alternative Fragen mit dem gleichen Frageziel:

- *What's the reason for you searching for a new job?*
- *What made you apply for a new position?*

Interviewer*innen möchten hier herausfinden, ob es für Ihren Wechselwunsch positive Beweggründe gibt, wie zum Beispiel die Suche nach neuen Herausforderungen, oder ob gar negative Gründe, wie zum Beispiel Probleme mit Vorgesetzten, den Ausschlag für die Bewerbung gegeben haben. Zudem kann Ihre Antwort Aufschluss darüber geben, ob Sie eher zu den wechselfreudigen Arbeitnehmer*innen gehören.

Heben Sie in Ihrer Antwort hervor, dass es die Attraktivität der neuen Stelle war, die Sie dazu bewegt hat, Ihren jetzigen Job aufgeben zu wollen. Machen Sie zudem deutlich, dass Sie sich den Arbeitgeberwechsel reichlich überlegt haben. Zu den absoluten No-go-Argumenten zählen:

- *I had problems with my boss.*
- *I didn't get on with my colleagues.*
- *I never stay in the same job for very long.*
- *My present employer advised me to look for a new job.*

Mögliche Antworten

»Well, I've been working with my present company for almost five years now and I feel I've gained a lot of knowledge in my job. I work in the accounts department of a commercial bank. I've acquired several important skills, and everything is based on working accurately. We have a lot to do with balance sheets, income statements and ratios. It's interesting but I have the desire to move over into the industrial world where financial aspects are only one part of a more dynamic mixture. It is important for me to understand the bigger picture in an industrial environment. I think my skill set would be extremely useful for an industrial company where I could contribute around the finance of sales, purchasing and marketing. I'm also eager to get into communication with colleagues who are non-financial. I believe this will help me to develop in an optimal way which is also most beneficial to my new employer.«

»I feel that I've arrived at a point in my career where it's time for a change. During the last eight years I have been working on a self-employed or freelance basis as an HR consultant. The work is very interesting and varied, but I honestly feel that I could offer much more in an HR position where my skills and know-how could possibly move the company forwards in terms of personnel development. I'd especially like to be in a situation which is longer term so as to manage major projects in the company. In addition, I would greatly appreciate working together in teams to have synergy effects from working together with colleagues in the same field. I believe I could contribute with my skills and expertise to help develop new promising employees to bring benefit to the company.«

You've applied for a permanent position with us, but you've been doing temporary jobs for the last five years. Why is that?

Alternative Fragen mit dem gleichen Frageziel:

- *Could you explain why you've had so many short-term jobs in the last five years and now you're applying for a permanent position?*
- *Your CV seems to suggest you're not very settled in your early career. Can you explain it?*

Eine direkte Frage, bei der der Fragesteller einfach nur wissen möchte, warum Sie bislang überwiegend befristete Jobs hatten und ob Sie in der Lage sind, dauerhaft für ein Unternehmen zu arbeiten.

Mögliche Antworten

»It was always my ambition to become a hotel manager in a larger hotel chain as I wanted to work in the field of hospitality and in particular I feel very relaxed in interacting with larger groups of people and guests. A priority was to create the best service for guests as was possible and I considered that the best way to achieve this was to gather as much experience as I could. I decided to achieve this by taking short-term engagements in as many different environments as I was able to find. In the last five years I've been employed in holiday venues, top business facilities and discount hotel chains. My tasks included desk service, catering, room service, back office administration and assistant management responsibilities. I've arrived at a point in my career where I feel it's time to invest my skills in the appropriate position in an international chain where the client is the focus of all activities.«

»It's true that I have had several varying types of employment in the last five years which might create a first impression of indecision or instability. At the beginning of my career I was unable to decide which field of work I wanted to commit to in the long term. I tried various areas of work including purchasing, accounting, human resources and in the last year sales. This last step was important for me as I discovered that I prefer to be in close contact with the customer base. I feel I have a natural talent for communicating. It is interesting for me to identify problems that customers may have with products or services and to attempt to find solutions for those issues. For this reason I really wish to be involved in customer support and services. This would create a long-term direction in my career.«

What were the main factors that influenced your career decisions so far?

Alternative Fragen mit dem gleichen Frageziel:

- *What factors were instrumental when making decisions concerning your career choice?*
- *What considerations mattered the most when choosing your career pathway?*

Mit dieser Frage möchten Interviewer*innen erfahren, wodurch Sie sich beeinflussen lassen, wie proaktiv Sie in Ihrer Entscheidungsfindung sind und ob es ungewöhnliche/interessante Aspekte in Ihrer Entscheidungsfindung gibt.

Nennen Sie hier Faktoren oder Erfahrungen, die Ihre beruflichen Entscheidungen beeinflusst haben bzw. die Sie dazu bewegt haben, Ihre Karriereentscheidungen zu überdenken. Weniger gut kommen Antworten an, die darauf hindeuten, dass sich in Ihrer beruflichen Laufbahn alles mehr oder weniger zufällig ergeben hat oder dass es andere Menschen waren, die diese Entscheidungen für Sie getroffen haben.

Mögliche Antworten

»At university I studied general sciences and felt very drawn to these subjects. I became very interested in the environment through news, current affairs and discussion. I obtained a temporary position in a research laboratory for a year. We looked into the effects of plastics on our environment and during this time I realised I liked to belong to a group that wanted to make a tangible difference and was achieving something in practice. I began to understand the importance of plastic pollution and waste on our health and the impact this has on our environment. I particularly liked that my work and decisions could be seen to have an effect, even if small. I wish to follow this path further through my career.«

»In my first job at the largest mining company in Germany I started work as a trainee coalminer. I have to admit that I did not consider it as my vocation in life, but it was a very rich set of experiences. What I learned at that job was that I feel a great need to help and support my fellow workers especially in potentially dangerous situations. There were several accidents underground during which I managed to offer real help. I became more and more convinced that I had found my world of work, not in coal-mining but more generally in Health and Safety in all areas of working life. I determined to educate myself in this subject by specialised reading. I also attended a series of courses on this topic and studied Advanced First Aid at college. I've had several jobs in the last four years and have always joined the Health and Safety teams. These experiences have impacted my life. Now I'd like to join a professional Health and Safety association with the goal of taking up a career in this field.«

What made you decide for a career change?
Alternative Fragen mit dem gleichen Frageziel:

- *Applying for this job means a career change. What has brought about this change in career direction?*
- *What was the reason for a move to a different career?*

Mit dieser Frage sollten Sie rechnen, wenn Sie sich auf eine Stelle beworben haben, die sich nicht mit Ihrem bisherigen Berufsweg deckt. Interviewer*innen möchten hier Ihre Beweggründe für den Richtungswechsel erfahren und ob Sie sich diese Entscheidung reiflich überlegt haben. Wenn Sie Ihre Antwort planen, versuchen Sie, eine Verbindung zwischen Ihren bisherigen Erfahrungen und der Entscheidung für eine Neuorientierung herzustellen. Betonen Sie vor allem übertragbare Kompetenzen und Fähigkeiten.

Mögliche Antworten

»I spent six years working as a junior doctor in the Accident & Emergency department of a large university hospital in Munich. I was relatively successful in what must be considered a difficult, stressful and sometimes volatile environment.

From time to time we were confronted by patients who refused to be treated. My role was to talk to them, calm them down and convince them to accept the treatment they needed. As a consequence of these discussions I believe I developed rather convincing skills in negotiations. I came to the conclusion that I want to develop this skill and employ it in other fields. When I read your advertisement for a counsellor I felt that this could suit me well. I feel that my skills and experience as a junior doctor will help me make this career switch a success.«

»I've worked in the Accounts department of a mid-sized company for seven years and have fulfilled various roles including assistant bookkeeper, accountant, payroll accountant, chief accountant, and assistant controller. In the course of time the work has become somewhat routine although it has given me the opportunity to gain vital financial skills and to achieve a lot of know-how in financial issues. I feel that all this knowledge and expertise would be a great asset in a consultative capacity, if possible in an internationally operating company. I see myself giving advice on financial and investment topics and solving issues for mid-sized industrial companies using the know-how I have acquired over the years. I believe now is the time for a change and a move into a renowned consulting company like yours would give me the chance to exploit my skillset to the full.«

Why can't you realise your professional goals with your current employer?
Alternative Fragen mit dem gleichen Frageziel:

- *Why couldn't you achieve your professional ambitions in your present company?*
- *What is holding you back from being successful at the present time?*

Diese Frage gilt den Motiven für den Wechselwunsch. In Ihrer Antwort könnten Sie zum Beispiel erwähnen, dass Sie bei Ihrem gegenwärtigen Arbeitgeber keine Entwicklungsmöglichkeiten mehr sehen und dass Sie daher die Initiative ergriffen haben, um nach neuen Herausforderungen zu suchen. Bewerben Sie sich im Ausland, dann können Ihre sprachlichen Ambitionen auch ein guter Aufhänger sein.

Mögliche Antworten

»I've been working for five years in the payroll department and I understand the processes completely so that I no longer feel a real challenge regarding this type of work. In the meantime I have completed further qualifications as an IT specialist in the field of data quality management. Unfortunately, this position is already filled at my current employer. This leads me to believe that there is no chance of further development in this company. For this reason I'm taking the initiative and checking the market for this kind of employment. I have a relevant skillset and know-how and am dynamic in my approach to work.«

»Since my days at university it was always my ambition to work abroad. I joined my present employer due to their international activities and with the objective of working at one of their subsidiaries in the United States. With this in mind I've focussed on improving my English language skills and three months ago I successfully passed the TOEFL exams achieving top marks. However, the commercial situation in the company changed and sadly my employer no longer operates in foreign markets. Consequently, I now feel it is an appropriate time to make a move and fulfil my ambitions at an employer abroad. I consider I have the subject knowledge and required language skills to make valuable contributions to your company.«

Can you explain the gap in your CV?

Alternative Fragen mit dem gleichen Frageziel:

- *What's the reason for this unexplained gap in your employment history?*
- *Can you explain about this break in your career?*

Interviewer*innen fischen hier nach möglichen negativen Gründen für die Lücke in Ihrem Lebenslauf. Gründe wie Elternzeit, Pflege von Angehörigen oder eine längere Reise sind unkompliziert. Schwieriger wird es, wenn es gilt, Ausfallzeiten wegen Arbeitslosigkeit oder Krankheit zu erläutern. In diesem Fall ist es ratsam, diese Tatsache von sich aus anzusprechen.

Mögliche Antworten

»I worked for my last employer for four years, but was made redundant in January this year due to the coronavirus pandemic. At the time I made the conscious decision to not look for a job straight away but take a break and consider my options. I used the free time to focus on enhancing my English language skills. Ideally I would have wanted to do this by visiting language courses abroad. But due to the pandemic this was not possible. Instead I enrolled in a distance learning course to improve my written language skills and had one-to-one lessons with a trainer via zoom. I was able to move from B1 to C1 level in a period of just three months. When I saw your job advert on Monster I felt this was a great opportunity for me to bring in my existing and new skillset and to contribute successfully to your enterprise.«

»I was working as a technician in the R&D department of my last employer, a mid-sized company dealing with the production of specialist cements for industry. I began my contract six years ago and was employed as a team leader. The research was very interesting and we were successful in creating several special products. About two years ago I began to suffer from severe headaches. I was diagnosed with a brain tumour. I had to have surgery and chemotherapy. Unfortunately, I was not able to work for more than a year. My employer at the time had to file for bankruptcy. I am fully recovered now and look forward to real challenges in R&D again.«

Why have you stayed at your present employer for such a long time?

Alternative Fragen mit dem gleichen Frageziel:

- *Why didn't you change jobs sooner?*
- *What kept you so long in that company?*

Gründe für eine lange Betriebszugehörigkeit können sowohl positiv als auch negativ sein. Interviewer*innen versuchen mit dieser Frage potenzielle Schwachpunkte aufzudecken. Die Gefahr bei einer langen Betriebszugehörigkeit besteht darin, dass sich Routinen und Gewohnheiten eingeprägt haben, die die Anpassung an ein neues betriebliches Umfeld erschweren. Eine weitere Befürchtung ist, dass sich Bewerber*innen eventuell gar nicht verändern wollen, sondern dass es die Umstände sind, die einen Arbeitgeberwechsel erzwingen. Mit Ihrer Antwort muss es Ihnen gelingen, Ihre Gesprächspartnerin oder Ihren Gesprächspartner davon zu überzeugen, dass die Tatsache, dass Sie so lange für ein und dasselbe Unternehmen tätig waren, stets eine bewusste und gewollte Entscheidung war und dass Sie bei Ihrem bisherigen Arbeitgeber viel gelernt und sich stets weiterentwickelt haben. Lenken Sie die Aufmerksamkeit vor allem auf jene Kompetenzen, die sich auf die neuen Aufgaben übertragen lassen. Was Sie nicht wollen, ist, den Eindruck zu erwecken, dass sich einfach alles so ergeben hat.

Mögliche Antworten

»I stayed that long due to the fact that the work was very varied and in the early days it was certainly challenging. In the last twelve years the company has increased from a three-man team to 65 members of staff. There were many changes in the structure and in the company atmosphere so it was like being in a different company. I trained and worked in many departments and in fact started my employment there as a management trainee. I did not have time to slip into a routine in any of the departments or sections and it felt like a new beginning in each one. In the last year I started to feel as if I had come to the end of a long phase in my career. I believe I have collected a skillset and a rich experience in many fields of work and can now accept the challenge of moving into a higher management position in your enterprise.«

»I must admit that seven years was a long time to remain in the same company. I started at HDM straight after leaving school at the age of 18 and joined the company as a trainee on a three-year programme to become a commercial clerk. I found that I had a special talent with figures so after my rotation programme I settled in the Accounts department. During my time in Accounts I continued with my further training and qualified as an auditor. I know that I actually spent a relatively long period in that department but I have completed many types of tasks and further qualifications. I now understand that I can't expect any further promotion in the company and feel that I'm ready and qualified for the next challenge which should be on a consultative level in a more international environment. Your enterprise would exactly fit the bill. I believe I can certainly make a real contribution to your company.«

5.2.1 Beispieldialog

Interviewer*in: Well, we've got to know each other a bit and I heard about your key skills and how you see your future in general. Perhaps we could now focus on your employment history. I've got that part of your CV in front of me. Could you talk me through the main information in your work experience? How do you think your previous positions would help you to prepare for the job we're offering?

Bewerber*in: Yes, of course. So I'll begin with my most recent job first. I started work with KRPS in April 2016 and I'm still working there. During my time at the company I gathered a number of valuable skills.

Interviewer*in: And how might that be useful for this position in our enterprise?

Bewerber*in: Well, I was able to develop fluent keyboard skills and real proficiency in Microsoft Office, Excel, Word and PowerPoint. And I had to liaise with a large number of colleagues so I polished my communication skills.

Interviewer*in: Can you give me an example of your activities that helped to hone these competences?

Bewerber*in: Certainly. I was responsible for organising many seminars and large group events. The participants came from all over the world. I think it will be vital in the new job to be a competent communicator to get things moving efficiently.

Interviewer*in: It certainly sounds interesting. That begs the question why you're searching for a new job now.

Bewerber*in: It's true the work has been interesting and there have been good results. I have learned a lot about this business, but after five years in the company I feel it's time for a new challenge. I'm ready to take on a job with more responsibility and get involved in long-term projects.

Interviewer*in:	Isn't it possible to find these projects in your current company?
Bewerber*in:	Somehow some of the work has become rather repetitive because I've done so many similar things in the last years. I researched your company and I find there's a more dynamic approach to new markets.
Interviewer*in:	Well, it's good to hear that point. We're trying to move forward. Anyway, do you want to mention anything else about your employment history?
Bewerber*in:	Yes, I'd like to stress that I had three jobs in total. In addition to the one I've just mentioned, I was working as the personal secretary to the managing director of a furniture company and my first position was as a receptionist at a mechanical engineering company.
Interviewer*in:	And do you feel that you've developed your value as an employee?
Bewerber*in:	Yes, I think I've become more secure and better balanced and I'm definitely more independent. I'm ready for a new challenge and I believe I have more to contribute.

5.2.2 Formulierungshilfen: Antworten beginnen

Aller Anfang ist schwer! Vorstellungsgespräche in einer Fremdsprache zu führen und auf Fragen der Interviewer*innen zu antworten ist fraglos eine nervenraubende Angelegenheit. Es sind oft Kleinigkeiten, die all Ihre guten Vorsätze, wie locker und gelassen zu sein, zunichtemachen. Den richten Anfang für eine Antwort zu finden ist eine solche Kleinigkeit. Sie wissen, was Sie sagen wollen, aber Ihnen fällt einfach kein guter Anfang ein und jetzt setzt die Panik ein. Hier hilft es, sich im Englischen ein paar nützliche Phrasen zu merken, die Ihnen den Einstieg erleichtern.

Floskeln, mit denen Sie Ihre Antworten einleiten können:

- *Well, I'd like to say that …*
- *When it comes to …*
- *As a matter of fact, …*
- *Well, I'm very happy to …*
- *I'm more than happy to …*
- *Let me start with …*
- *I'd like to come straight to the point …*
- *As you may already know …*
- *Well, I guess it goes without saying that …*
- *Well, to answer this question, I have to stress that …*

Sprachtipp: Achtung bei *for* und *since*!

Für deutsche Muttersprachler ist die korrekte Verwendung von *for* und *since* immer wieder ein Stolperstein. Da beide Wörter »seit« auf Deutsch bedeuten, passieren hier oft Fehler. Hier noch einmal die Regel zur Auffrischung:

- ***for* = Zeitraum**
  I have been working for this company for three years.
- ***since* = Zeitpunkt**
  I have been working for this company since 2019.

5.3 Fragen zum Bildungsweg

Why did you decide to go to university and do this degree course?
Alternative Fragen mit dem gleichen Frageziel:

- *What sort of training did you decide on and why?*
- *Why did you feel this type of training was right for you?*

Interviewer*innen möchten hier erfahren, auf welcher Grundlage Sie die Entscheidung für Ihr Studium gefällt haben und welche Faktoren dabei eine Rolle gespielt haben. Zudem zeigt ihm Ihre Antwort, ob Sie jemand sind, der vorausplant oder Dinge eher dem Zufall überlässt. Mit Aussagen wie, »*I didn't know what else to do*« oder »*Nowadays everyone goes to university*« können Sie mit Sicherheit nicht punkten.

Mögliche Antworten

»At the end of my school career I did my Abitur in chemistry, biology, German and economics, as these were the subjects I was most interested in. During a careers workshop it became clear that I wanted to go for a joint degree in economics and technology. I researched various universities and chose one which offered the best programme in terms of practical and theoretical knowledge. Another important fact why I went down this line was that the degree course included various internships at renowned companies. I believe the perfect mix between theoretical and practical knowledge will make me a valuable employee.«

»When I finished school with my A levels at the age of 18 I decided to take a year out to get some work experience, but mainly to check on what I really wanted to get from further education in general. My exam subjects included German, English, social studies and economics. I checked the various sorts of training that were available on the market, the image of each type and the length of time involved. From the range offered I found the dual study programme offered by the Cooperative State University in Mannheim to be the most practical for myself. This consists of three months of academic study at the educational facility itself and three months at the company to learn the working practice. This rolling system continues for three years. I preferred this scheme since it is a practical preparation for the world of business. I rotated around the various departments in my sponsoring company which enabled me to make a conscious decision on my preferred field of work.«

What were your reasons for not continuing your education?
Alternative Fragen mit dem gleichen Frageziel:

- *Why didn't you consider some form of further education?*
- *Why didn't you take your education any further?*

Eine Frage, die Berufseinsteiger*innen oft gestellt wird. Interviewer*innen möchten hier erfahren, ob Sie sich bewusst dafür entschieden haben, Ihre akademische Ausbildung nicht fortzusetzen, oder ob schlechte Prüfungsergebnisse, persönliche Lebensumstände oder dergleichen den Ausschlag gegeben haben. Machen Sie in Ihrer Antwort Ihren unbedingten Willen deutlich, Ihre berufliche Laufbahn starten zu wollen. Nennen Sie positive Eigenschaften, die Sie geradezu für die Arbeitswelt prädestinieren.

Mögliche Antworten

»I enjoyed my time at school immensely. However, despite the fact that my exam results were excellent and would have allowed me to go to university I decided against it. It was my personal ambition to work as a personal assistant to a plant manager or even a managing director of a mid-sized company. I decided that a three-year vocational training for the Certified Industrial Business Management Assistant from the Chamber of Commerce would be the better route to achieve this goal. And indeed after the course, the company asked me to stay and work as the personal assistant in the HR department. Since then I obtained positions in three companies. This represents 13 years of work in this field.«

»I graduated from university in September this year with a BA degree in Environmental Engineering. I was offered a place at the same university to do a Master's degree. However, I decided that this was not the right route for me. Environment is where my heart lies and it is the field I want to work in. I'm very keen to make this happen and start my professional career as soon as possible. I want to work together with other experts in the field and learn from them.«

You're certainly very qualified. Mightn't it have been better to develop some practical experience?

Alternative Fragen mit dem gleichen Frageziel:

- *Doing a second degree, such as a Master's Degree means becoming very academic. Wouldn't a different approach have been more helpful?*
- *I gathered from your CV that you went on to do a Master's Degree immediately after your first degree. Wouldn't some work experience have been a better choice?*

Interviewer*innen möchten hier einfach nur wissen, wie Sie bei Ihrer Entscheidungsfindung vorgegangen sind. Machen Sie in Ihrer Antwort klar, dass Sie die Optionen bewusst abgewogen haben, und nennen Sie Ihre Gründe, warum Sie eine höhere akademische Qualifikation angestrebt haben.

Mögliche Antworten

»I did weigh up both options, but in the end I decided to complete the academic part of my education and have that extra qualification to offer to employers. I like the idea that I can now concentrate on my job 100 %. I've done several part time jobs in a whole variety of places and these have certainly given me a good grounding in the basics of working life. Also, my particular master's course puts a strong emphasis on solving practical business problems. I gathered a lot of practical experience during my part time work so I feel I reached the best possible compromise.«

»I decided to make a career in the world of finance which in fact has specific requirements regarding qualifications and experience. I got a place at the Goethe University Frankfurt. My course involved completing a Bachelor's Degree in Business Administration with a focus on banking and financial services. The financial labour market and the highly specialised fields of work demanded further qualifications to be able to compete on the market. Unfortunately, the pathways to good positions are rather inflexible. I did understand that gathering financial experience is, of course expected and with this in mind I took several temporary positions in various types of banks including the Deutsche Bank to broaden my know-how and understanding of the business. I feel that this was the right decision for me personally and for my professional career.«

You stated in your CV that you are a qualified Dipl.-Ing. (FH). Could you explain to me what this degree stands for?

Alternative Fragen mit dem gleichen Frageziel:

- *You're a Diplom-Betriebswirt (BA). Could you tell me a little about what this qualification includes?*
- *You've given Magistra Artium as your degree in media sciences. Can you describe this degree for me and which level it represents in the European Qualification Framework?*

Bei einer Bewerbung im Ausland müssen Sie mit einer solchen Frage rechnen, denn das deutsche Bildungssystem ist Ihrem Gegenüber eventuell nicht bekannt. Wenn möglich nennen Sie hier vergleichbare Qualifikationen des Ziellandes. Eine gute Anlaufstelle für Ihre Recherchen bietet der Europäische Qualifikationsrahmen (EQR).

Mögliche Antworten

»Yes, of course. Dipl.-Ing. (FH) is a qualification in higher education in Germany. It represents a traditional engineer's degree. It usually takes eight semesters to complete. The abbreviation FH stands for Fachhochschule and represents a type of university in Germany with a practical focus in both research and teaching. The English equivalent would be University of Applied Sciences.«

»Yes, certainly. The qualification Diplom-Betriebswirt (BA) is a degree in business administration which used to be awarded by so-called cooperative universities. It is a career-integrated dual study programme where academic learning is combined with professional experience. In English this is often referred to as a sandwich course. That means students spent three months at university and then three months doing practical work at the company which is sponsoring them. The whole course takes between three and four years. With the introduction of the Bologna Process the name of the qualification has changed to make it internationally more comparable. It is now called BA in Business Administration.«

Could you briefly describe the main elements of the German education system?
Alternative Fragen mit dem gleichen Frageziel:

- *In your opinion, what makes the German education system so successful?*
- *What are the benefits of the Germany education system?*

Dies ist eine weitere Frage, die Interviewer*innen im Ausland stellen werden, wenn sie mit dem deutschen Bildungssystem nicht vertraut sind. Auch wenn diese Frage verständlich ist, ist sie mit Sicherheit nicht leicht zu beantworten. Beschränken Sie sich in Ihrer Antwort aufs Wesentliche und stellen Sie einen Bezug zu Ihrem persönlichen Werdegang her, worin die Vorteile liegen und warum Sie sich dafür entschieden haben.

Mögliche Antworten

»Well, I'm happy to give you a brief overview of Germany's secondary education system which is based on two pillars. Pupils wanting to go to university will leave school at the age of 18 and do a final exam, called ›Abitur‹, which is comparable to A levels in England. The second route pupils can opt for is the well-established and renowned vocational education and training system, which is run under the umbrella of the Chambers of Commerce and Industry in Germany. School leavers undertake an apprenticeship by pursuing a dual vocational training programme, which offers plenty of on-the-job training and work experience combined with acquiring the necessary theoretical knowledge by visiting a vocational school. These programmes usually take between two and three years. At the end of this period, students will have to sit an examination and will be awarded a certified qualification by the responsible Chamber of Commerce and Industry. I personally have opted for this route as it has provided me with both the practical and theoretical knowledge required to be successful in this profession.«

»I believe the differences between the education system in Germany compared to your country are not so big. School leavers in both countries will have to decide whether they want to go and work for a company or continue with their further education and for example go to university. For me personally and my career ambitions it was clear that the university route was the right one for me. I always wanted to do a PhD in medical research. German universities very often have admission restrictions in place in the form of a so-called Numerus Clausus. This means students must have a certain final grade in their university entrance qualification in order to be able to study there. With my final grades I was able to enrol in a course at the university of my choice.«

I see you achieved a final grade of 1.5 in your German Abitur. Is that good or bad?
Alternative Fragen mit dem gleichen Frageziel:

- *Can you talk me through the German school grading system?*
- *What are the academic scores in German universities?*

Interviewer*innen, die mit dem deutschen Bildungssystem nicht vertraut sind, benötigen diese Informationen, um die erzielten Noten einordnen zu können.

Mögliche Antworten

»Achieving a final overall grade of 1.5 is actually a very good result. Let me give you a brief description of the grading system used for university entrance qualifications and how they translate in terms of academic achievement. German grammar schools apply a 1 to 6 point grading system to assess the academic performance of students. The scaling is as follows: 1 stands for very good, 2 good, 3 satisfactory, 4 sufficient and a grade of 5 or 6 would actually be regarded as insufficient. With my personal final score of 1.5 I fulfilled the admission criteria of virtually all top universities in Germany and I was able to choose where I wanted to study.«

»Universities in Germany generally employ a grading system from 1 to 5. Grades can be increased or decreased by 0.3 to indicate a varying performance. For example a final exam grade of 1.0 represents a top exam result, the next lower level and still a very good result would be 1.3, this is followed by 1.7 and then 2. Grades between 1.0 and 4.0 represent a pass, any grade lower than that, i.e. 4.3, means the student has failed the exam. The German system roughly translates as follows to the grades awarded by universities in the USA. 1.0 equals an A+ in the USA, 1.3 would be an A, 1.7 to 2.3 = A– to B, 2.7 to 3.3 = B– to C and 3.7 to 4.0 would equal a D. My final grade for my BSc course at Goethe University in Frankfurt was 2.7. This would correspond to a B– in the States.«

Is there anything you regret about the path your education has taken?
Alternative Fragen mit dem gleichen Frageziel:

- *If you were at the start of your career again, what would you do differently?*
- *Are you confident that you made the right choices regarding your education?*

Interviewer*innen fischen hier nach Fehlern, Versäumnissen oder Entscheidungen, die Sie rückblickend bereuen. Gefragt ist hier eine professionelle und karrierebezogene Antwort. Tappen Sie hier nicht in die Falle und offenbaren Ihrem Gegenüber alle Fehler, die Sie in diesem Zusammenhang gemacht haben.

Mögliche Antworten

»I'm pleased to say that I'm very happy with my decisions so far. I made conscious decisions from the very beginning when I began at university studying for a degree in Economics. Perhaps one could say I should've begun to do a Master's Degree after completing my Bachelor of Science in Economics course in just three years. However, this strategy gave me the possibility to apply for my first job at the age of 22. In fact I managed to get a good entry position which enabled me to achieve several key skills for my later career path and allowed me to collect some important experience which would not have been possible at university. Perhaps it would have been more efficient to place a greater emphasis on my linguistic competencies in English back then. However, I was able to catch up and refine my language skills in the meantime.«

»My educational path was straight forward. After leaving school at the age of 18, I joined the vocational trainee scheme of ABC Bank which took three years. After that I was offered a permanent job with ABC Bank as a client adviser. However, I declined the job offer, as I wanted to get more into the line of investment banking. For this reason I did an additional degree in investment banking which I successfully completed last month. I believe my experience from working in a bank at grassroot level and my degree in investment banking provide me with a good foundation to become a successful employee at an organisation like yours.«

5.3.1 Beispieldialog

Interviewer*in:	Well, that was all very interesting and now I'd like to hear something about your qualifications and academic training.
Bewerber*in:	Well yes, I studied at Paderborn Fachhochschule.
Interviewer*in:	What is a Fachhochschule? Could you briefly explain?
Bewerber*in:	Yes, of course. Fachhochschule is a kind of university. The English term is University of Applied Sciences. The main difference is that degree courses at a Fachhochschule are usually a bit more practice-oriented and they tend to be smaller than universities. I believe you could compare it to the former polytechnics in the UK which became universities.
Interviewer*in:	So, what sort of training did you do and what did it include?
Bewerber*in:	Well, the qualification is called Bachelor of Business Administration and is very compact. All the usual business topics are covered. We had business calculation, accounting, auditing, HR, sales and marketing etc.
Interviewer*in:	What was your preferred field during your studies?
Bewerber*in:	Actually, I found them all interesting and relevant, but I was most at home with marketing.
Interviewer*in:	What in particular caught your attention?
Bewerber*in:	What I enjoyed most was doing the market research. All the various techniques for collecting data and interpreting it to find the most profitable ways of moving the company forward.
Interviewer*in:	I can see that this qualification would be a good basis for your career development, but don't you have a lack of practical, real-life experience?
Bewerber*in:	Yes, I realised that problem, so I managed to participate in three practical placements in sales and marketing departments. I was able to begin to acquire various skills that would support me in my target position in logistics and research.
Interviewer*in:	Yes, that was probably a sensible strategy. If you had the chance to begin your academic education over again what would you change?
Bewerber*in:	I think I'd choose the same course at university, perhaps the »fast lane« version and that'd mean I'd be finished in three years. Then, having saved a year I'd increase the number of placements I'd do. But In general I'm happy with my academic strategy.
Interviewer*in:	Well, it's good to hear that.

5.3.2 Formulierungshilfen: Bildungsweg beschreiben

Nachfolgend haben wir einige nützliche Formulierungen zusammengetragen, mit denen Sie Ihren eigenen Bildungsweg beschreiben können.

- *I graduated from* [Name der Universität/Fachhochschule] *in* [Zeitpunkt].
- *I majored in* [Studienschwerpunkt].
- *I enrolled for a degree course in* [Fachrichtung].
- *I have a post-secondary degree with a major in* [Fachrichtung].
- *My study courses prepared me directly for the role of a* [Berufsbezeichnung].
- *I completed my degree in less than* [Zeitangabe].
- *I chose … University for my Master's Degree because …*
- *The college offered a strong program in the field of* [Fach].

! **Sprachtipp: Unzählbare Substantive!**

Wie im Deutschen gibt es auch englische Substantive, die nicht zählbar sind und bei denen die Pluralform nicht mit »s« gebildet werden darf. Diese Beispiele sollten Sie sich merken, da sie durchaus auch in Vorstellungsgesprächen zur Sprache kommen könnten:

- *advice*
- *employment*
- *evidence*
- *feedback*
- *help*
- *information*
- *knowledge*
- *labour*
- *money*
- *pay*
- *proof*
- *research*
- *software/hardware*

5.4 Fragen zur Bewerbung und Wechselmotivation

Why would you like to join our company?
Alternative Fragen mit dem gleichen Frageziel:

- *Why do you want to work for this organisation?*
- *What was the reason for applying to our company?*

Interviewer*innen hinterfragen hier Ihre Wechselmotivation, aber auch, welche Erwartungen Sie an das Unternehmen haben. Zudem erfahren sie auch, was Sie über die Organisation wissen. Es ist also erforderlich, dass Sie im Vorfeld des Bewerbungsgesprächs Ihre Hausaufgaben machen und alle wichtigen Fakten zum Unternehmen zusammentragen. Beschreiben Sie in Ihrer Antwort, was das Unternehmen für Sie so attraktiv macht. Es muss Ihnen gelingen, den*die Interviewer*in davon zu überzeugen, dass das Unternehmen Ihr absoluter Wunscharbeitgeber ist.

Mögliche Antworten

»From a young age on I was really interested in environment and environmental protection. I engaged in environmental activities in my local area. This was the first time I heard about your organisation and the work you do in this field. It really impressed me. After leaving school it was a no brainer for me that I would want to follow a career in environmental protection. Last month I graduated with a degree in environmental science. It has always been a dream of mine to work for your organisation so I was extremely excited when I saw your job advert on Xing. I believe my motivation and enthusiasm will make me a valuable employee at your company.«

»There are indeed several things which attract me to your company and that make me believe that I'd be a great fit for this position. I've been working as a software technician for Bluechip in Germany for more than five years. During that time I've gathered a lot of experience in building, troubleshooting and testing prototypes. Other skillsets I've obtained include efficient project management, time management and not least excellent communication skills with colleagues and clients. I was actually born in South Africa and moved to Germany with my parents when I was seven years old. To this day I still have close connections and it's my wish to move back to Cape Town in the next months. I've therefore been checking the blue chip market and potential employers in and around Cape Town for several months now. I also read a lot about your company and I was very impressed with what you stand for. In addition, your product range is very similar to the products I work with at Bluechip. I was very excited to find out about this vacancy and reading the job description I believe that your company would be the perfect partner for me and that I could contribute greatly to your success.«

Why do you wish to leave your current position?
Alternative Fragen mit dem gleichen Frageziel:

- *Why do you want to part from your present employer?*
- *What reasons are you going to give to your boss for wanting to resign?*

Der Grund für diese Frage ist zu erfahren, warum Sie nach einem neuen Arbeitgeber suchen. Zudem möchten Interviewer*innen wissen, wie ernst Sie es mit Ihrem Wechselwunsch meinen. Zu den positiven Gründen, die Sie hier nennen können, gehören:

- eine größere Herausforderung, wie beispielsweise eine Stelle im Ausland
- Karrieresprung
- persönliche Weiterentwicklung
- mehr Abwechslung

Vermeiden sollten Sie Gründe wie persönliche Probleme mit dem*der Vorgesetzten oder Kolleg*innen, das liebe Geld oder die Kündigung durch Ihren Arbeitgeber. Sie kritisieren damit sowohl direkt als auch indirekt Ihren jetzigen Arbeitgeber und das kommt in einem Bewerbungsgespräch nie gut an. Richten Sie vielmehr den Fokus auf die Vorteile, die der angestrebte Stellenwechsel für Sie persönlich, aber auch für Ihren möglichen neuen Arbeitgeber bringt.

Mögliche Antworten

»At present I'm employed at a bank in Munich. I've been working here for about six years as a Client Relationship Manager. My tasks include managing portfolios of high net worth clients, liaising with a team of specialists to identify market trends and proposing alternative investment approaches. I've had a fantastic time working for this bank and I have learnt a lot. However, I feel I'm ready to take on new challenges in a foreign country with a strong banking track record. I'm particularly interested in Hong Kong. I find the style of working in Hong Kong refreshing and am willing to commit intensively to it. With all this in mind I've begun to learn Mandarin, a language that I've achieved working proficiency in. I believe it'll be possible to develop further in the financial field in this country and that I will fit in your organisation just perfectly.«

»I've just graduated from Baden-Wuerttemberg Cooperative State University having completed a BA in Media Design. In addition to my education I have taken several part-time jobs to gain experience in media and self-organisation. I also did volunteer work including being a committee member of Heidelberg Media Club and an internship at Odenwaelder Tagesblatt newspaper. I started my working career on an internship at Froschgift advertising agency. I've arrived at a point in my early career when I need to move to the next step with more responsibility and greater challenges. I feel that my blend of education and experience combined with my 100 % commitment to your company make me an ideal candidate for this position.«

You seem to be overqualified for this job. Why do you want this position?

Alternative Fragen mit dem gleichen Frageziel:

- *You studied to a high level. Are you sure this is the right job for you?*
- *Do you think this job will satisfy you?*

Interviewer*innen werden Ihnen diese Frage stellen, wenn sie befürchten, dass diese Stelle nur einen Übergangsjob für Sie darstellt und dass Sie wieder weg sind, sobald Ihnen ein besseres Angebot vorliegt. Mit Ihrer Antwort müssen Sie Ihr Gegenüber von Ihrer Loyalität überzeugen. Betonen Sie Ihre Motivation und Entschlossenheit für die Position und dass Sie das langfristige Potenzial der Stelle erkennen.

Mögliche Antworten

»It's true that my current job involves managerial responsibilities and accepting a position at a presumably lower level might concern you. However, I have found that what I really want to do is to work directly with clients in the field. I see this role as a sales rep as an opportunity and not a step back. It's simply a question of me finding a role to which I'm best suited, which I will enjoy and to which I will be able to give my all. I strongly believe that my managerial experience gained in my last job will also be very helpful for this job.«

»It might at first sight look like I'm overqualified for this position. I took the chance to study for this type of engineering degree because I'm fascinated by this field of work. I'm into every development in electronics of the present and especially the future. And I think the particular university degree gave me a broad base of knowledge which I can apply for this job. I understand that not all of my qualifications might be required for this position. However, I have more of a bird's eye view of what this job entails. And I see it as a long-term project. For me and my attitude it's a dream job and I believe your company is the perfect employer. There's a lot of potential to contribute and move projects forward which will give me great job satisfaction.«

Why do you want to work in this industry?
Alternative Fragen mit dem gleichen Frageziel:
- *What attracts you to our industry?*
- *Can you give reasons why you've chosen this field?*

Mit dieser Frage möchten Interviewer*innen erfahren, ob Sie sich spezifisch für eine bestimmte Branche beworben haben, oder ob Sie einfach irgendeine Stelle – egal wo – suchen. Wenn Sie die Frage beantworten, sollten Sie bedenken, dass für Arbeitgeber Branchenkenntnis ein wichtiges Entscheidungskriterium ist. Also machen Sie Ihre Hausaufgaben und informieren Sie sich vor dem Vorstellungsgespräch über die Branche des Unternehmens. Vermeiden Sie Aussagen wie:
- *The industry seems quite interesting.*
- *I thought I'd test the water.*
- *I would like to give the industry a go.*
- *The type of industry is not a priority for me.*
- *I don't mind what industry it is.*

Mögliche Antworten

»My favourite subjects at school were business studies, mathematics and economics. I seemed to have had some talent in these areas as I obtained a 1.2 in my final exams, which is »very good« in the international comparison. I decided that I first wanted to work for a general bank or savings bank and then perhaps make a move to commercial or investment banking. I've completed stage 1 of my strategy and feel that I've acquired know-how and a skillset in general banking and am now ready and eager to enter commercial banking on a long-term basis. This is the reason for my application to your bank.«

»I was employed in a mechanical engineering company on a placement last summer. I rotated around several departments including engineering, purchasing, sales, research and development, quality control, and customer services. I was especially impressed by my experiences in research and development. I felt very much at home in this work and decided to find out how I could qualify myself to a higher level over the next few years through specialist courses and a higher distance learning degree in a research field. In this way I can study and work in parallel. I know this strategy can be time-consuming but I believe lifelong learning is a must in this type of field.«

What do you know about the vacancy you're applying for?
Alternative Fragen mit dem gleichen Frageziel:
- *What appeals to you most about this job?*
- *What motivated you to try for this position?*

Mit dieser Frage möchte Interviewer*innen sicherstellen, dass Sie wissen, was auf Sie zukommt. Machen Sie Ihrem Gegenüber deutlich, dass Sie sich eingehend mit den Anforderungen und Aufgaben befasst haben, die die zu besetzende Stelle mit sich bringt. Sofern Sie nicht schon in anderen Antworten darauf eingegangen sind, betonen Sie die Kompetenzen und Qualitäten, die Sie zur idealen Besetzung der Stelle werden lassen.

Mögliche Antworten

»Well, I've studied your job description and your wish-list for a senior logistics manager in some depth. From my point of view I consider it vital to be aware of what is involved in the position of senior logistics manager. I understand the details of the responsibility and possess the abilities needed to successfully fill this position, in terms of technical skills, in-depth knowledge of stock and accounting software as well as IT skills. I feel I bring the correct attitude and skillset to successfully manage this position. And I'm willing to learn.«

»You are looking for a social media and platform editor with international experience and an advanced knowledge of English and Spanish. As regards my language skills I am happy to stress that I studied for a year in Spain and completed a business diploma in England four years ago. I also have profound experience of working in an international environment as a Communications Officer for the Public Relations department at Beuter's Media where I was responsible for the publication of all social media content in German and English. I've managed, supervised, coached and hired a small team of 15 copywriters, planned and implemented advertising campaigns and created a social media presence in the last two years. The new position I'm here for today represents the obvious next step in my career and the possibility to work for such a progressive and forward-looking organisation as yours is the cream on the cake for me.«

How do your skills and experience match the job description?
Alternative Fragen mit dem gleichen Frageziel:

- *Do you feel that you have the skills and experience necessary to take on this job?*
- *Do you fit the bill for this position? Mention any reservations you might have.*

Im Prinzip ist die Antwort auf diese Frage das übergreifende Ziel eines jeden Vorstellungsgesprächs. Am Ende müssen Interviewer*innen wissen, ob Sie die erforderlichen Fähigkeiten und Erfahrung besitzen, um die Aufgaben, die die Stelle mit sich bringt, erfolgreich meistern zu können. Verständlich, dass Sie mit der Antwort *»very well«* nicht sehr weit kommen werden. Orientieren Sie sich an der Stellenbeschreibung, stellen Sie Ihre Kompetenzen und Ihre Erfahrung dar und belegen Sie diese nach Möglichkeit mit konkreten Beispielen. Sie dürfen diese Frage ruhig etwas ausführlicher beantworten, ohne Gefahr zu laufen, Ihr Gegenüber zu langweilen.

Mögliche Antworten

»I genuinely believe that I have the know-how and character to fill the position of a Senior Relationship Manager that you advertised in LinkedIn. I've filled this role for the last seven years while working at Metro Bank in Munich. At present I am a wealth manager for private high net worth clients. I've been able to increase the bank's assets under management and especially improved the portfolio volume by more than 10 % year on year. My areas of expertise include managing high net worth clients based in Germany and Europe. This involved establishing and intensifying relationships with key clients. Other responsibilities were the liaising with teams of experts to identify market trends, developing investment and acting as client adviser for bonds, securities and property investments.

I consider myself to also bring adequate communication skills to the job both in my native language German and in English. My experience and skills make me a suitable candidate for this position.«

»I'm of the opinion that my skillset and professional experience will suit perfectly to the position of a senior engineering manager which your company advertised for. You are looking for someone with a lot of experience in the motor car industry. I have been working in this field for the last ten years and with three different companies. In my current position I managed and lead a team of 25 engineers and together with my team we succeeded in the rollout of a number of energy-saving features which resulted in lowering the fuel consumption of by 4.5 %. You are also looking for someone who is adept in operating in an international environment with responsibility for the region of Western Europe. I'm happy to say that I have the appropriate language skills speaking, of course, German as a native language, English to European C1 level and French and Spanish at B2 level. The new role also requires someone who is able to build and maintain long-term relationships with key clients. To this end I can say that I have a proven track record with establishing long-term relationships with customers and providing them with on-going support. This is an area of work I particularly enjoy. I feel that I am a very good match for the advertised position and would be more than happy to go into further detail should you want me to.«

What appeals to you most about this vacancy?
Alternative Fragen mit dem gleichen Frageziel:
- *What are you really looking forward to in this job?*
- *What are you expecting from this position with us?*

Interviewer*innen wollen hier wissen, was genau diese Stelle für Sie so interessant macht. Sie müssen hier überzeugend darlegen, was Sie an der Stelle reizt und dass es sich um Ihren Traumjob handelt, der genau auf Ihre Kompetenzen und Fähigkeiten zugeschnitten ist. Zu den weiteren Argumenten, die Sie hier anführen können, gehören:
- attraktiver Arbeitgeber
- Branchenerfahrung
- reizvolle Aufgaben

Mögliche Antworten

»I've put in an application for this position as I think this job requires exactly what I can bring to the table with my professional experience and skills. I thrive on challenges and working under pressure which this job brings with it. I'm well aware of the responsibilities involved in this work and know what is needed to succeed as I've collected seven years of experience in the field.

Actually what makes this role so exciting and interesting for me personally is the opportunity of leading and developing a team of enthusiastic and dedicated junior staff. The job and success in innovating and implementing new strategies brings its own fulfilment. This job certainly places high demands on the job owner. All in all I'd love to get the opportunity to prove myself on a large scale and work for your organisation.«

»I am most fascinated by the possibility to travel which a post with a well-reputed airline offers. I have already collected a great deal of experience as a Senior Flight Supervisor, for example with Airwings, Berlin. I wish to restart my career in this field, for which I'm fully qualified, after a period of maternal leave. During my professional life I've collected a skillset which is second to none. This includes being highly perceptive and quickly able to get an understanding of clients and colleagues, identifying customer wishes, diffusing escalating situations, prioritising and effective time management. I'm fluent in English and Spanish and have an intermediate level of Russian and still learning. I cherish the prospect providing a high level of service to first-class travellers and acting as a trainer and mentor for junior cabin crew. I would be delighted to work for your airline as you offer great career opportunities, a positive work environment and great work-life balance.«

Why have you changed your job so frequently?

Alternative Fragen mit dem gleichen Frageziel:

- *Why is it that you've never held a job for a longer period?*
- *Do you see any advantage from changing your job regularly?*

Das sogenannte Jobhopping wirft bei Arbeitgebern eine Reihe von Fragen auf und es ist daher wichtig, dass Sie gute und klare Gründe für die häufigen Stellenwechsel aufführen können. Heben Sie in Ihrer Antwort hervor, dass jeder Stellenwechsel ein bewusster Schritt in Ihrer Berufsplanung darstellt und dass Sie in jedem Job Kompetenzen erlangt haben, die Sie auf die ausgeschriebene Stelle übertragen können.

Mögliche Antworten

»When graduating from university with a degree in business administration I wasn't really sure what I wanted to do. So I decided to do some temping work. This gave me the chance to find out which career path and industry was right for me. In total I changed jobs about four times in the last two years. On paper it might look like I have a tendency to change jobs frequently, but in fact this job hopping allowed me to identify that it is marketing that really interests me and

> that I'm passionate about and where I see my long-term future. So when I heard about this vacancy I jumped at the opportunity.«
>
> »It is true that I changed employer several times. I did this as part of my overall plan for my career path. My aim at the end of my school education was to study retail business first at university and then in jobs in various branches of retail to develop know-how in practice and to learn the ropes before stepping to another level of work. My first entry-level job was as a shop assistant where I created store displays, learned customer service skills and managed stock. After one year I changed job and got a position as a sales representative responsible for customer service and sales. In this period I oversaw a major contract to provide mobile phones for the entire field service staff of a large energy provider at nationwide level. The next consequent step in my career followed after a period of just eight months when I was appointed assistant manager in a large retail chain with 700 outlets. I believe this variety of jobs and responsibilities helped me to accumulate many skills which have made me confident in now reaching for a position representing my ultimate career goal and taking on a senior management role in the retail industry.«

You have been with your current employer for many years. What has made you decide to apply elsewhere now?
Alternative Fragen mit dem gleichen Frageziel:

- *Why are you searching for a new job after so many years with your current employer?*
- *What is the reason for your motivation to find a new job after such a long time?*

Genauso wie den Arbeitgeber zu häufig zu wechseln, kann es für Ihre Bewerbung auch von Nachteil sein, wenn Sie zu lange in ein und demselben Unternehmen verweilen. Arbeitgeber haben erhebliche Bedenken gegenüber Bewerber*innen, die sich aus einem sehr langen Anstellungsverhältnis heraus verändern möchten. Am Anfang steht immer der Verdacht, dass Bewerber*innen sich nicht aus eigenem Antrieb heraus beworben hat, sondern dass ihn die Umstände dazu gezwungen haben. Machen Sie mit Ihrer Antwort deutlich, dass die lange Betriebszugehörigkeit mit vielen verschieden Stationen verbunden war und dass Sie sich ständig weiterentwickelt haben.

> ### Mögliche Antworten
>
> »It's true that I've been working with Sonic GmbH for twelve years now but I would like to stress at this point that I 've not turned into a sort of civil servant that has a priority of creating a 9 till 5, safe job until his retirement. I've been collecting know-how, skills and experience to take me successfully through the remainder of my career.

My activities and tasks at Sonic cover a broad spectrum and I've worked in several different departments. I started in the customer service department and dealt with installation, maintenance and commissioning of Sonic control products. I've also been involved in the purchasing department where I was a Supplier Relationship Manager. Another important area of my work at Sonic and which I consider to be an important part of the new role, was my work as a project manager where I was responsible for the delivery of large-scale installation projects for major customers throughout Germany. I now wish to move on to the next phase of my career and pursue a role in a managerial capacity at an organisation with international operations. As my present employer is only operating in Germany I've decided to leave them after all these years and make a move.«

»I have been working for my present employer for over ten years now. During that time I've rotated around several departments and have covered various fields of work including civil engineering, structural optimisation, finite element analysis, and drilling geology. I've also registered several patents including a double-headed drilling system for a civil engineering vehicle. In my current post as the Senior Planning Officer I am responsible for major projects. Clearly the last ten years have given me a great deal of know-how and responsibility. However, I now wish to take on bigger challenges and wish to step up into higher management. My current employer is a family-run business and all higher management positions are filled with members of the family. For this reason I've decided to part ways with the company.«

Why have you been looking for such a long time for a new job?
Alternative Fragen mit dem gleichen Frageziel:

- *Why is there a sizeable gap in your CV?*
- *Can you explain the long gap since your last job?*

Gibt es in Ihrem Lebenslauf große Lücken, müssen Sie damit rechnen, dass Ihnen dazu eine Frage gestellt wird. Im Grunde sehen Arbeitgeber Lücken nicht negativ, solange Sie glaubwürdig erklären können, welche Gründe es dafür gab und was Sie unternommen haben, um in den Arbeitsmarkt einzutreten bzw. zurückzukehren.

Mögliche Antworten

»After graduating from university I wanted to do a gap year and travel. I went for five months to South America on a work and travel scheme. I was able to gain valuable experience there. When I came back I unfortunately began to realise that it was more difficult than I had thought to find a job in my field. I recognised that it was important to work on my skills, so parallel to applying for jobs I visited training courses in my area of specialisation which should help me to find the right job with the right employer.«

»Unfortunately, my employer's business was hit hard by the economic downturn due to the coronavirus pandemic. Sadly the company was forced to close down and I lost my job. Of course this was devastating at first but I was sure that I would be able to find a new job in no time. However, the pandemic struck a second time and I caught COVID-19. I got very ill and was in hospital for over three weeks. After that I experienced a long period of recovery during which I was not able to work or indeed look for another job. The last five months were extremely hard but I'm happy to say that I'm back on track and more motivated than ever to re-enter the job market.«

Would you still be interested in this job if your current employer offered you a pay rise?

Alternative Fragen mit dem gleichen Frageziel:

- *Would you still be interested in this job if your current employer offered a promotion?*
- *What will you do if your current employer makes you a counter-offer?*

Mit dieser Frage möchte Interviewer*innen quasi durchs Hintertürchen erfahren, wie ernst Sie es mit Ihrem Wechselwunsch meinen. Machen Sie mit Ihrer Antwort deutlich, dass es die Stelle ist, die Sie reizt, und die Verdienstmöglichkeit keine entscheidende Rolle spielt. Wenn Sie Ihrem Gegenüber das Gefühl vermitteln, dass Sie sich lediglich bewerben, um die Chancen auf dem Arbeitsmarkt zu testen, haben Sie schlechte Karten.

Mögliche Antworten

»If my current employer were to offer me a pay rise that would of course be pleasant, but actually it would play no role. Money is only one factor in my decision to accept a position or not. I gathered experience and skills in the last few years in my teaching job and have a good relationship to my colleagues and my students. I feel I've achieved my goals in this phase of my professional life and now is the time for a move to a slightly more challenging environment. And this is exactly what I believe I will find with this job and working for your company. Talk of salary will not change this situation now.«

»If my current employer should make me a counter-offer I would politely reject it. I had my targets in this phase of my work and having reached them I have a mindset fixed on change, on moving to the next step in my career. I don't want to get into a routine, a rut from which I can't escape. This would mean going backwards and there is no sense to that. I'd stick to my decision.«

How would you react if I were to offer you this job right now?

Alternative Fragen mit dem gleichen Frageziel:

- *What would you say if I were to offer you this job straight away?*
- *What would your answer be if I were to offer you this job now?*

Eine interessante Frage, mit der Interviewer*innen Ihre Entscheidungs- und Verhandlungskompetenzen testen möchten. Auf diese Frage gibt es zweierlei Antwort. Sie können dieses hypothetische Angebot annehmen oder aber sagen, dass Sie etwas mehr Informationen und Bedenkzeit brauchen, bevor Sie so eine wichtige Entscheidung treffen.

Mögliche Antworten

»Well, I'd be surprised and of course pleased. However, I feel it would not be right to accept the job right away without taking some time to reflect on it. Indeed there are things to consider and clarify. For example, we would have to agree on the terms of employment, salary, start date, etc. So if you were to offer me the job right away I would have to ask you for some time for consideration.«

»I'd be grateful and absolutely flattered to receive an offer after we had only met once. I must say I'm very tempted to say »yes« on the spot. This job promises all the things I am looking for and working for your company would be the icing on the cake. However, this is such an important decision in my life that I would like to ask you for a few days to reflect.«

5.4.1 Beispieldialog

Interviewer*in:	So perhaps we can move on to some more details about your application. In general what was it that appealed to you about our company in the first place?
Bewerber*in:	Well, I researched a bit about the work your company was doing and I must say I find the importance you put on environmental protection impressed me massively. And the other thing was the social interaction the company has with the local population and the town.
Interviewer*in:	We're doing our best. It's certainly important to do something and get the balance in nature back. By the way, there is something that perplexed me a bit. You're very qualified for this work. Probably overqualified, I'd say.
Bewerber*in:	Yes, I know it might look like that, but I wanted to gain broad experience and specific practical know-how. And I succeeded with that by rotating around departments.

Interviewer*in: So do you feel your skills actually match this job?

Bewerber*in: Yes, I really do. The last years have given me the overall competence to manage all the various situations that might arise. And I hope my skillset will support me in moving forward.

Interviewer*in: You may well be right. You certainly cover our needs for the moment and who knows what the future will offer. When would you be able to join us exactly?

Bewerber*in: At the earliest on 1 April, as I have to give four weeks' notice to my current employer.

Interviewer*in: Ah okay, that's good to know. In fact that wouldn't be a problem for us as you would still have enough time to learn the ropes from your predecessor, as his contract only runs out in three months' time. So there'd be plenty of time for you to settle in.

5.4.2 Formulierungshilfen: mit Worten überzeugen

Insbesondere bei Fragen zur Wechselmotivation sind Ihre rhetorischen Überzeugungskräfte gefragt. Nachfolgend finden Sie eine Reihe nützlicher Phrasen, die Ihnen diese Aufgabe erleichtern:

- *This job matches perfectly with my experience and qualifications, and here's why …*
- *I was so excited when I learned that this position had become available.*
- *I'm confident that my skills and expertise will make me the ideal candidate for this job.*
- *I'm motivated and committed to this job.*
- *I'm convinced that my abilities make me an excellent candidate for this position.*
- *I'd love to work at this organisation because …*
- *I read the job description and identified that the role perfectly aligns with my skills.*
- *It's an ultimate goal of mine to work for an organisation like yours.*
- *In line with your job description I can bring the required skillset to the job and your company.*

!

Sprachtipp: Positive Sprache

Mit einer positiven Sprache im Vorstellungsgespräch steigern Sie Ihre Chancen auf eine erfolgreiche Bewerbung. Um hier nicht ein Gefühl von Unsicherheit zu vermitteln, vermeiden Sie Formulierungen wie:

- *Yes, but …*
- *I wouldn't want you to think …*
- *I'm going to try …*
- *I'm fairly positive …*
- *maybe*
- *perhaps*
- *unfortunately*

Nutzen Sie stattdessen positive Worte wie:
- *definitely*
- *certainly*
- *absolutely*
- *great*
- *I can/I will ...*
- *I look forward to ...*
- *opportunity*

5.5 Fragen zum Unternehmen

What do you know about our company?
Alternative Fragen mit dem gleichen Frageziel:
- *What information did you collect about our company?*
- *Which important facts have you gathered on our company?*

Fragen rund ums Unternehmen gehören zum Standardrepertoire von Interviewer*innen und Sie können davon ausgehen, dass Ihnen die eine oder andere zu diesem Thema gestellt wird. Hierbei geht es schlichtweg darum, ob Sie sich wirklich für das Unternehmen interessieren und sich mit der Unternehmenskultur identifizieren können.

Für eine kompetente Antwort bedarf es einer guten Vorbereitung bzw. Recherchearbeit. Tragen Sie alle wichtigen Fakten, Daten und Zahlen über das Unternehmen zusammen wie zum Beispiel:
- Produkte/Dienstleistungen des Unternehmens
- Unternehmensstandorte
- Unternehmensgröße/Mitarbeiterzahlen
- Informationen über die Unternehmensleitung
- Unternehmensgeschichte
- aktuelle Zahlen zum Unternehmen
- aktuelle Corporate News
- Vision und strategische Ziele des Unternehmens

Mögliche Antworten

»Well, actually before deciding to apply for this job it was important for me to check out your organisation a bit more. So I tried to get as much information as possible. I must say that I'm really impressed what your company stands for. All your products are environmentally friendly and in particular your range of award-winning ball point pens made from recycled water bottles are real trend setters. I also noticed that you wish to expand into Eastern Europe. Since my family has its origins there I know a lot about the area and I'm able to communicate fluently in Polish and also speak a bit of Russian. Naturally I was also interested to find out what others say about you as an employer and I wasn't disappointed. The comments on the platforms I visited were predominantly extremely positive. It is my wish to work for a dynamic company that is moving forward, so this is the reason why I'm applying to your institution.«

»I successfully completed a degree in Media Science at the Cooperative State University of Baden-Wuerttemberg in Germany and have been checking the job market and potential employers in this industry for quite some time and I know that your organisation has a good reputation both as a driver of innovation and sustainability. The other day I read an interesting article written by your CEO about the media industry of today and tomorrow. I must say I absolutely share his enthusiasm about the opportunities this industry offers. I would absolutely love the opportunity to work for your organisation and believe I would fit into your environment perfectly from every point of view, and I'm very willing to learn and to contribute.«

What do you know about our products?
Alternative Fragen mit dem gleichen Frageziel:
- *Have you any information about our products and services?*
- *What do you find positive about our products?*

Auch mit dieser Frage möchte Interviewer*innen sondieren, wie intensiv Sie sich mit dem Unternehmen im Vorfeld befasst haben. Mit einer Lobeshymne über die Produkte/Dienstleistungen können Sie hier weniger punkten, vielmehr müssen Sie Ihrem Gegenüber glaubhaft demonstrieren, dass Sie über angemessene Produktkenntnisse verfügen. Nennen Sie hier beispielsweise Kriterien wie Marktführerschaft, Produktionsstandort, Marktauftritt, Wettbewerbsvorteile, Preis, Qualität, Image etc.

Mögliche Antworten

»I'm a big fan of video games and know quite a bit about what the market has to offer. So even before I started my application process for this job I had first-hand user experience with some of your flagship video games. They have a very good image within the gaming community and stand out because of their user-friendliness and the good service package they come with. I particularly consider the online information videos well-constructed and full of interest. Even though they are higher priced than corresponding products from competitors they offer a great price performance.«

»One of the reason I applied for this position as a member of the sales team for your ultrasonic welding equipment was that in my present job I work with your ultrasonic equipment every day. I know their handling, their benefits and if I may say so also their weaknesses. Even though you're not a market leader in this sector I think the latest launch of your ultrasonic booster combined with your state-of-the-art production facility in Cologne will certainly help you to gain a greater share of the market. I'd love the opportunity to join your sales team and do my part in achieving this goal.«

What do you know about our competitors?
Alternative Fragen mit dem gleichen Frageziel:

- *Tell me what you've found out about our competitors.*
- *Do you have any particular information about the competition?*

Mit dieser Frage möchten Interviewer*innen sicherstellen, dass Sie sich nicht nur mit dem Unternehmen bzw. seinen Produkten befasst haben, sondern vielmehr das komplette Marktumfeld kennen. Zu Ihrer Vorbereitung auf das Vorstellungsgespräch sollte also auch ein Besuch auf der Website der Mitbewerber gehören.

Mit folgender Antwort werden Sie niemanden beeindrucken. Sie ist schlichtweg zu dürftig: *»I spent a few minutes checking the websites of some other companies. Their sites were unprofessional so you've certainly got a better image than them. I'm sure your products are good and the other products aren't.«*

Mögliche Antworten

»Since I've worked in this field for several years your strongest competitors are well-known to me. Just looking at the German market your biggest competitor and no. 1 in the market has more than 45 % of the market share in terms of turnover. Your organisation follows with just shy of 30 %. However, there is a lot of consolidation going on in the industry which is demonstrated by the fact of the recent merger between two other large players in the market. The situation is volatile particularly with all the price pressure coming from China. As far as I'm concerned this is the perfect time to join an ambitious company such as yours.«

»I must admit I was not very well informed about who your main competitors were. But when I received the invitation to this interview I certainly did my homework to be prepared. According to the latest data by the DIW in Berlin you're ranked number two in the market place. Your main competitors operate very aggressively in the market and are trying to gain a greater share in the market through acquiring other small market players and by offering large price reductions. However, the quality of their products isn't very high and there seem to be some handling issues. Maybe the customer service policy is not their top priority as I found out when reading some of the customer comments published on Trust-Pilot. This all helps to enhance your corporate image. And it convinces me that I have made the right choice for my own development.«

What do you know about our company's history?
Alternative Fragen mit dem gleichen Frageziel:
- *Could you tell us something about our history?*
- *Would you mind describing a bit about our history?*

Eine weitere Frage, die darauf abzielt zu erfahren, wie intensiv Sie sich mit dem Unternehmen im Vorfeld des Bewerbungsgesprächs beschäftigt haben. Folgende Anhaltspunkte können Ihnen bei Ihrer Recherche helfen:
- Gründungsjahr des Unternehmens
- Produkte von damals bis heute
- Entwicklung des Unternehmens
- Übernahmen, Fusionen, Veränderungen auf Eigentümerseite

Mögliche Antworten

»Your company was established in 1895 and was one of the first rubber factories in Germany. The company made its name through the invention of rubber-insulated cables. In 1965 the company was taken over by a French multinational and the new owners introduced a completely new range of products such as rubber fashionwear products which were of high quality at reasonable price. They developed the clothing sector and became a market leader which they remain until this day. This shows how necessary it is to remain flexible and not get into a rut.«

»Your translation and copy-writing office was founded about 20 years ago in 2001 in Manchester in the UK. When it first started it was called PELC which stands for Personal English Language Consultants and it was a partnership. Now 20 years later it's a Limited Company with 25 employees, two in administration, 16 translators and seven copywriters. At the present time efforts are made to go international focusing in the first phase on Europe. You have a very professional image in the market. I know that you rely on highly qualified and widely experienced staff. I believe I'd fit in well with this team.«

What do you think we do well?

Alternative Fragen mit dem gleichen Frageziel:

- *Where do you see our plus points?*
- *What impresses you about our company?*

Mit Ihrer Antwort zeigen Sie Interviewer*innen, dass Sie sich mit dem Unternehmen, seinem Image und den Produkten auseinandergesetzt haben. Führen Sie hier nach Möglichkeit konkrete Beispiele an und vermeiden Sie nichtssagende Schmeicheleien, wie »*everything you do is great*«.

Mögliche Antworten

»I have seen this organisation grow over the past three years and you always seem to come up with new ideas that work. I've read articles by your CEO that show how future-oriented you are. I myself am a user of your products and I think what makes your products so successful is that you listen to your customers. With the launch of your latest series you're well ahead of your competitors. I'm of the opinion that your company presents itself very positively to the public and shows the community that it cares about social and environmental issues and not just on making massive profits. I've noticed that when you launch new products you always ensure that the information for the customer is easy to understand. It's very important to offer a well-organised customer service unit. This supports your good. Finally, nowadays it's vital that the company leader is visible and seen to be at the front of developments. I believe this is the case with your company.«

»I do believe that a vital point regarding your company is the question of communication. This is extremely important when it comes to bringing new products onto the market. The literature which you provide for the various products and services is concise and easy to read. In addition to this your company has a well-developed customer service unit which creates an extra sense of security to the consumers. This is especially important when dealing with electronic products.«

What do you think we could do better?

Alternative Fragen mit dem gleichen Frageziel:

- *Where do you see room for improvement in what we do?*
- *In which areas of our business do you see opportunities to do things better*?

Mit dieser Frage testen Interviewer*innen nicht nur Ihr Wissen über das Unternehmen, sondern im weiteren Sinne auch ihr analytisches Denkvermögen. Für jedes Beispiel, das Sie hier nennen, sollten Sie auch Angaben darüber machen können, wie man es besser machen kann.

Mögliche Antworten

»You seem to have an efficient marketing but perhaps you could also introduce TV adverts as a means to increase the popularity of your products and services. You could be using a series of advertising slots especially on local TV which have a theme running through them, perhaps even having a slightly humorous touch. I believe that a funny advert sticks better in the mind of the audience and offers a greater recognition value. In addition you could establish a customer club running on your website with customer participation in short games and activities? This will help customer loyalty. Of course I understand that this is easier said than done.«

»It is always important to find more strategies for improving customer support. Your company's image is good at present, but perhaps it might improve relations, if you published weekly or monthly newsletters in which you could talk about updates of new games, future games and which technologies are involved. Podcasts are also a very effective way to address your customers and potential new customers. What do you think of the idea of webinars and »social« visits by Zoom or Microsoft Teams? This will definitely stimulate interest amongst the customers. I believe regular contact is vital.«

What is it about this company that makes you think you will remain interested and enthusiastic over a long period of time?
Alternative Fragen mit dem gleichen Frageziel:

- *What do we have to do to make you work for us over a long time?*
- *What do you expect from the company in the long term to keep you loyal to our company?*

Mit dieser Frage legen Interviewer*innen den Fokus auf Sie und warum Sie glauben, dass das Unternehmen auf lange Sicht der passende Arbeitgeber für Sie ist. Führen Sie hier Gründe auf, die das Unternehmen für Sie attraktiv machen und was Sie an der Stelle reizt.

Mögliche Antworten

»I've been fascinated by printing presses for many years and have completed many placements and even voluntary work in smaller print shops. So, in a way it's logical that I want to spend my working life in a printing environment. Your company is at the forefront of the printing industry. I believe one reason for staying somewhere for longer is that there must be active forward movement. And it is possible to recognise that through the type of products you have in your series.

An example of this is the fact that your Research and Development have moved rapidly in the direction of digital printing and print on demand. I also noticed that you are considering moving into newspaper presses which can offer risks as well as great success. All these new fields of technology require a great deal of investment which you are undertaking. I feel I'd like to be a part of this journey.«

»As far as the workplace is concerned, the most important thing for me is a positive work environment where everyone is working together towards a common goal. I also need to feel that the work-life balance is right. I know that your company looks after its employees very well and your personnel development programmes are second to none. I see the opportunity to develop personally and further my career over many years to come. I would love to work for an attractive employer like you.«

Can you describe your ideal employer to me?
Alternative Fragen mit dem gleichen Frageziel:

- *What should your perfect employer look like?*
- *What plus points should your ideal employer have*?

Mit der Frage, was für Sie einen idealen Arbeitgeber ausmacht, können Interviewer*innen bewerten, wie weit das Unternehmen von Ihren Vorstellungen entfernt ist bzw. wie gut Sie zum Unternehmen passen. Es ist hier wenig sinnvoll, alle Kriterien zu nennen, die für Sie einen attraktiven Arbeitgeber ausmachen. Beschränken Sie sich vielmehr auf jene, die das Unternehmen auch erfüllt.

Mögliche Antworten

»I think that my ideal employer would be a multinational with a mixed international staff. My hope would be that there is a feeling of togetherness and everyone helps each other. Every employee should be appreciated and treated as an important part of the company. There must be an atmosphere of trust and respect. There should be lots of opportunities of training and further education of employees. I feel that personnel development is a real priority because without a loyal, well-trained staff the company will most probably fade away in the future.
I would prefer to work in a forward-looking, progressive environment where creativity is at a premium so that talented people will want to invest their time in the enterprise. Actually I feel that this describes your organisation.«

»The targeted enterprise should have many plus-points so that talented staff will wish to stay. It goes without saying that the salary must be fair and favouritism and discrimination should not play any part in the allocation of money. However, more important for me is that the company develops and maintains an honest, social image. There has to be sufficient investment to move the business forward safely and build up an on-going business. The structure of the company should certainly be transparent and support positive communication and decisions. When channels of communications are long and difficult this can result in poor reactions and blind alleys with no future use.«

5.5.1 Beispieldialog

Interviewer*in: So that was all very interesting, but could we move to our enterprise, your target company. I'd like to hear what your ideas are about your ideal working environment and company.

Bewerber*in: Well, I really want to work at a progressive company that puts training for its staff high on the agenda. And I think open communication is vital for a healthy atmosphere in the firm. I hope creativity and innovation will form the core of the corporate activities.

Interviewer*in: You mention creativity. Would you say our products are creative and what do you know about them in general?

Bewerber*in: I know quite a lot about printing presses. I've been in and out print shops all my adult life. And I have to say that presses from ABK are amongst the leaders in the world. For example, your award-winning web offset presses are a great success. Also your other ranges are very innovative. For me most fascinating was the move from conventional offset to digital printing.

Interviewer*in: That's right. But what about our competitors?

Bewerber*in: Well, there are two really serious ones. That is NAM and Bauer&König. They have good presses too, but they are usually higher priced and the service packages they offer are by far not as good as the ones customers can expect from ABK. So the verdict is clear: ABK is the number 1.

Interviewer*in: So we must be doing something right. What do you think we do well?

Bewerber*in: You produce solid, reliable presses in all sizes. And all the equipment that goes with them. They have a much longer service life than those of the competitors. People in the business say ABK is the Mercedes of the printing industry. But the strategy is good, too. ABK binds its customers very close to the company. It's all to do with image.

Interviewer*in: Thank you for your detailed analysis. You certainly seem to know a lot about the company and the situation.

5.5.2 Formulierungshilfen: Meinungen äußern

Im Verlauf des Interviews werden Sie sicher das eine oder andere Mal nach Ihrer Meinung gefragt. Mit welchen Formulierungen Sie am besten antworten, erfahren Sie hier:

- *If you ask me …*
- *It's my honest opinion that …*
- *In my eyes …*
- *From my point of view …*
- *As far as I'm concerned …*
- *I see it like this …*
- *In my view …*
- *I'm of the opinion that …*
- *Personally, I think …*

Sprachtipp: Das englische Gerundium

!

Für deutsche Muttersprachler ist es immer wieder ein Stolperstein, wenn die Entscheidung ansteht, ob im Englischen ein Verb im Infinitiv oder in der *ing*-Form (Gerundium) stehen muss. Das Gerundium wird beispielsweise verwendet, wenn ein Verb auf eine Präposition folgt.

- *... a reason **for** establish**ing** …*
- *… **by** plac**ing** the order …*
- *… **of** manag**ing** budgets …*
- *… **of** creat**ing** strategies for achieving growth*

Außerdem gibt es bestimmte Verben, auf die im Englischen immer das Gerundium folgen muss.

- richtig: *He **risks** los**ing** his job.*
- falsch: *He **risks to lose** his job.*

Die folgende Liste enthält die häufigsten Verben, auf die die *ing*-Form folgen muss.

- *appreciate*
- *avoid*
- *consider*
- *dislike*
- *enjoy*
- *excuse*
- *imagine*
- *mind*
- *miss*
- *postpone*
- *risk*
- *suggest*
- *understand*

Beispielsätze

- *I appreciate you taking time to talk to me.*
- *I avoided using US English.*
- *My boss considered giving me a pay rise.*
- *I dislike having to postpone my interview.*
- *I enjoyed being part of a team.*
- *Please excuse me for being five minutes late.*
- *Would you mind living abroad for five years?*
- *I miss having face to face contact with customers.*
- *They postponed making the decision to appoint a new manager.*
- *She suggested changing the entry requirements for the job of auditor.*
- *I understand you wanting to have some time to consider.*

5.6 Fragen zur Persönlichkeit und zu beruflichen Zielen

What have been your greatest achievements in your career so far?

Alternative Fragen mit dem gleichen Frageziel:

- *What are you most proud of?*
- *Can you name me some high points in your career?*

Bei der Vorbereitung auf Ihre Antwort orientieren Sie sich idealerweise an den Zielen und Erfolgen, die Sie in Ihrem Lebenslauf genannt haben. Beschreiben Sie, was Sie erreicht haben, wie Sie es erreicht haben und welchen Einfluss diese Erfolge auf Ihre berufliche Laufbahn hatten. Idealerweise zeigen Sie Ihren Gesprächspartner*innen auch auf, wie das Unternehmen davon profitieren könnte.

Mögliche Antworten

»Probably the biggest achievement in my career to date was my time as a junior portfolio manager at a branch of a large banking group with its headquarters in Duesseldorf. I was looking after the investments of around 50 bank clients. I was able to achieve an average return of investment year on year of more than 9 % which is quite a remarkable figure given today's climate. As a result I was awarded the title of Private Investment Manager of the Year. This is a very prestigious award in the banking sector and is given to promising new talents in the industry. This award moved my career forward massively as just a few months later I was invited to take up a position as Senior Investment Advisor in the bank's corporate division. It goes without saying that this experience and the enhanced positions I obtained give me a lot of extra know-how which I consider to be very useful for this role, too.«

»Well, in fact the highest point of my professional life took place last year at my present company. Actually it wasn't a materialistic-kind of achievement, but rather one on a personal and emotional level. Last year the company management launched a new campaign to improve interrelations between colleagues. All employees were encouraged to participate in a number of teamworking events at the end of the campaign. Everybody was asked to vote for Fair Colleague of the Year. I should say we have a rather small workforce of just 35 employees. I was absolutely taken aback when I heard the result, as more than 28 of my colleagues voted for me. It seems that I'm considered a very well-respected member of staff not only by my colleagues but also by the management as they voted for me, too. This experience moved me a great deal. I hope I can bring this type of feeling to my future working environment.«

What do you consider to be your strengths?
Alternative Fragen mit dem gleichen Frageziel:

- *Describe your strengths.*
- *What can you bring to your next employer?*

Sie können fast schon fest damit rechnen, dass Ihnen Fragen nach Ihren Stärken im Vorstellungsgespräch gestellt werden, egal ob Sie sich bei einem Unternehmen in Deutschland oder im Ausland beworben haben. Mit solchen Fragen möchten Interviewer*innen erfahren, was Sie auszeichnet und ob diese Stärken auch einen Mehrwert für das Unternehmen bzw. die zu besetzende Stelle bedeuten. Beantworten Sie diese Frage selbstbewusst, ohne zu übertreiben. Nennen Sie insbesondere solche Stärken, die auch auf Ihre neuen Aufgaben übertragbar sind.

Mögliche Antworten

»In the course of this application I've given much thought to this question. Perhaps the first point is that I'm a well-organised individual so that I'm able to find what I need easily. I believe that I gained that skill from my time studying and doing research. For my next job I'd bring a lot of energy into the workplace as I regard myself as an extremely dynamic character. On the other hand I'm a patient communicator who has a priority in bringing matters to a conclusion. I like to work independently, but also as a member of the team.«

»I've been working as a personal coach for high profile business executives. Advantages for this type of work include being genuinely accessible for the partner. This creates security on the part of the client. You also need a good portion of patience in several situations as misunderstandings can quickly erupt. It goes without saying that a key point is real communication skills. It's vital to speak clearly and in a straightforward manner to be correctly understood. An important soft skill is practical creativity, offering good ideas on how to solve any difficult situations. In my case I'm also a well-organised person, which helps when dealing with several issues simultaneously, as is often the reality. In addition I have the sort of mindset that always prefers to bring a matter to its successful conclusion. I'm not happy with loose ends. I would hope to use some of these qualities to bring about a successful contribution to your management company.«

What do you consider are your weaknesses?
Alternative Fragen mit dem gleichen Frageziel:

- *In what areas do you feel you need to improve?*
- *Can you describe your weaknesses?*

Auf die Frage nach den Stärken folgt meist die Frage nach den eigenen Schwächen. Denn wie gut und ob Sie einen Job überhaupt bewältigen können, hängt nicht nur von Ihren Stärken ab, sondern auch von Ihren Schwächen. Interviewer*innen möchten mit dieser Frage Schwächen identifizieren, die Sie als Anwärter*in auf die Stelle disqualifizieren könnten. Kandidat*innen, die von sich behaupten, keine Schwäche zu haben, werden schnell als arrogant abgestempelt. Auch abgegriffener Sprüche, wie:

- *»I would have to say that my main weakness is that I'm a perfectionist«* oder
- *»I have a reputation for working too hard«*

werden Ihnen keine Pluspunkte einbringen. Genauso sieht es bei der folgenden Antwort aus: *»My problem is that sometimes things don't get dealt with fast enough and this is when I become impatient.«* Sie können sich sicher sein, dass Interviewer*innen diese Antworten schon tausendfach gehört hat.

Nennen Sie stattdessen Schwächen, die Sie in eine Stärke umgewandelt haben und beschreiben Sie, was Sie unternommen haben, um diese abzustellen. Damit zeigen Sie Ihre Fähigkeit dazuzulernen, sich zu verbessern und bei Bedarf Dinge zu ändern. Achten Sie auch darauf, dass Sie keine Schwäche nennen, die sich mit den zu erfüllenden Aufgaben nicht vereinbaren lässt.

Mögliche Antworten

»I am the personal assistant to the managing director of my present employer. My tasks involve planning meetings, preparing specialist presentations, organising the scheduler of my boss and making sure things are running smoothly in my boss' office. I used to get myself in too much of a hurry and get into serious stress. I regularly allowed myself too little time to complete tasks. I suppose you could say my time management was not up to scratch. I realised I had to improve this situation and consequently attended a time management training course in my free time. I completed the six-months course and have been able to successfully apply the things I learned at my workplace. I do think the work atmosphere has improved and I am a happier and more satisfied person. I'm sure I will be able to take this new knowledge with me into my next job.«

»I completed my university course with a BA in Business Administration and was lucky enough to get a position as an auditor at a financial services provider. It soon became clear to me that my theoretical knowledge from university was not enough. Everything took longer to complete and I was soon fighting an uphill battle dealing with a backlog of work. This stressed me out and only aggravated the problem. I decided to take action and discussed the problem with my line manager. Together we decided on a strategy. I was allocated a mentor who showed me the ropes and helped me to find ways to work more efficiently. In addition I visited a course on stress management techniques. I'm happy to say that I'm now able to handle stressful situations successfully. This is something which I will benefit from now and in future.«

Where do you see yourself in five years' time?

Alternative Fragen mit dem gleichen Frageziel:

- *What are your long-term career goals?*
- *How does this job fit into your long-term career plans?*

Mit dieser häufig gestellten Frage möchten Interviewer*innen etwas über Ihre beruflichen Ziele erfahren und wie bzw. ob sich diese mit der angestrebten Stelle vereinbaren lassen. Nennen Sie also solche Ziele, die sich mit der Position und dem Unternehmen vereinbaren lassen.

Zu den absoluten No-go-Antworten gehören:

- *In five years' time I want to sit on your chair!*
- *I see this job as the perfect springboard for my further career.*
- *I actually have no idea!*
- *I haven't thought that far ahead!*

Mögliche Antworten

»Five years from now I hope I will have progressed significantly in my career. When I was preparing this interview I noted that there are a lot of opportunities both for promotion and personal further development. So should my application as a project leader in research with your company be successful I'd hope to complete the job with a high level of success which will help me to be given increased responsibilities and greater challenges. My ultimate goal for the next five years is to advance into a managerial role in research.«

»Of course I have given thought to the question of what I want to achieve in future. I would love to be able to work abroad. I already speak several foreign languages. In addition to my English language skills I am rather fluent in Polish, Czech and Slovakian. I have also started lessons in Mandarin. One of my main goals is to work in a European country and somewhere oversees. I hope that this experience will help to get a job with managerial responsibility in the mid-term.«

What motivates you?

Alternative Fragen mit dem gleichen Frageziel:

- *What do you need to keep motivated?*
- *Where do you get your motivation in business?*

Was Interviewer*innen hier durchs Hintertürchen erfahren möchten, ist, ob Sie in der Tat motiviert genug sind, um diesen Job effektiv meistern zu können. Arbeitgeber wollen engagierte Arbeitnehmer*innen und nicht solche, die ihre Arbeitsstunden einfach nur absitzen. Ihre Antwort sollte daher solche Kriterien umfassen, die Sie positiv ins Licht rücken und zugleich einen Mehrwert für das Unternehmen bedeuten. Zu den Klassikern unter den Motivationsfaktoren gehören: *»challenges«, »achievements« und »recognition«.*

Mögliche Antworten

»I'm motivated by the need to get good results. I can do this as an independent worker or as a member of a team but I have to admit that I feel real excitement from cooperating with motivated colleagues who have the same goal as me. Connected with this is the fact that I like to move from one challenge to another. It doesn't interest me to work like a civil servant with everything regulated in advance. I also appreciate recognition from my superiors and colleagues when targets are achieved.«

»That's a good question. I think achievements are what motivates me most. I love it when I'm confronted by challenges which require a certain degree of thinking out of the box to find intelligent and practical solutions. I have no problem to be working under pressure and I'd go as far as to say it's an essential component of work and success. It is also very rewarding for me to work closely with others who share the same common goal.«

What is most important to you in your job?
Alternative Fragen mit dem gleichen Frageziel:

- *What are you looking for in your job?*
- *What gives you the most job satisfaction?*

Mit dieser Frage möchten Interviewer*innen erfahren, ob sich Ihre persönlichen Wünsche und Bedürfnisse in Bezug auf die Stelle mit den Anforderungen der Stelle vereinbaren lassen. In anderen Worten: Passt das, was Sie wollen, zu dem, was der Arbeitgeber Ihnen bieten kann? Formulieren Sie Ihre Antwort vorsichtig und nicht zu fordernd, sonst laufen Sie Gefahr, dass Ihr Gegenüber Diskrepanzen entdeckt und sich Ihre Chancen auf die Stelle mindern. Mit Argumenten wie produktiv zu sein und Ergebnisse liefern zu können sind Sie auf der sicheren Seite. Anders sieht es mit folgender Antwort aus:

»In my job I need tolerance on the part of the employer because I can't endure any limits on my personal freedom and free-time.«

Mögliche Antworten

»What is very important to me is that the job is stimulating and produces measurable results. I want to be able to develop and learn from colleagues and supervisors. In the same way I thrive on being able to support and help others. Feeling to be part of a positive culture where contributions and the achievements of targets are appreciated is rewarding in itself. I believe that becoming a member of your designer team would certainly give me all the satisfaction I am looking for.«

»In my present job as an instructor I want to prepare my students for their working life. For this reason it is important to me that I work in an environment where I have the support I need to give them the best training possible. I get real job satisfaction from working with satisfied learners. This gives me the recognition I need. I enjoy the feeling that learners, colleagues and my superiors have confidence in my work and in my competence. I find it very rewarding indeed when everyone in the classroom is working together and is helping each other.«

How do you personally define success?
Alternative Fragen mit dem gleichen Frageziel:

- *What does success look like to you?*
- *What are the components of success for you?*

Interviewer*innen möchten hier etwas über Ihre Ziele erfahren und wie Sie Erfolg messen. Gleichzeitig gibt ihnen Ihre Antwort Aufschluss über Ihre Motivation und Arbeitsauffassung. Nennen Sie konkrete Ziele und beschreiben Sie, welche Schritte Sie unternommen haben, um diese Erfolge zu erzielen und zu welchen Ergebnissen diese geführt haben. Keine gute Antwort wäre beispielsweise: *»The more I earn the more successful I am.«*

Mögliche Antworten

»Success is really when you have a problem to solve or something to master and you do better at it than anybody could have expected. You come out of your reserves in some way. For example, in my present job in the documentation department of a producer of agricultural machinery I was responsible for writing and distributing user manuals. The publication dates were set by the sales departments and the R&D department was supplying me with data and facts required to write the manuals. Unfortunately, R&D was either late in providing me with the required input or the material was not adequate. This meant that more and more often it was an uphill struggle to keep the deadline set by the sales department. In order to make the process more efficient I drew up an action plan which I presented to both department leaders. As a result there is a much better communication and understanding between the departments and myself and the process of producing high-quality user manual has become much more efficient. I really felt that this was my success and it made me much more motivated and happier.«

»I define success in different ways. The most obvious one is meeting targets which I set myself or which were set by my supervisor. Finding solutions to problems is another way to evaluate success and last but not least doing my job well and feeling appreciated makes me proud and motivated. I am working in the sales department of a furniture producer. Every month we are set certain sales targets. Especially in the current economic climate it's not easy to reach these targets. Having targets suits my mentality and character and makes me work harder. Reaching my sales targets and knowing that my boss appreciates my hard work gives me a sense of success.«

Are you a goal-oriented person?

Alternative Fragen mit dem gleichen Frageziel:

- *What are your career goals?*
- *Have you set yourself career goals?*

Auch wenn es sich hierbei um eine geschlossene Frage handelt, reicht es natürlich nicht, einfach nur mit Ja oder Nein zu antworten. Interviewer*innen möchten wissen, ob und welche beruflichen Ziele Sie sich gesetzt haben und wie Sie diese erreichen möchten bzw. erreicht haben. Nennen Sie hier idealerweise Ziele, die Sie bereits verwirklicht haben und die einen Bezug zu der angestrebten Stelle haben.

Mögliche Antworten

»I believe I'm a goal-oriented employee and that is the way I perform my work. I like to define the tasks I have to do as targets which I have to achieve within a time line. For this I often make use of a Gantt Chart. This helps me to stay on track. By having goals I am focussed on the tasks at hand and timing. This system helps me to prioritise. I like to achieve the best possible result I can without losing the joy of work.«

»With regard to my work and professional life I have set myself a number of career goals that I'd like to achieve. Each career goal is given a priority, timeline and completion date. One of my goals which is high on the agenda is taking on a role as a controller in a large international organisation. And I hope my degree in finance and controlling combined with my experience and expert knowledge will help me in achieving this goal with your organisation.«

What is your time management like?

Alternative Fragen mit dem gleichen Frageziel:

- *How do you manage your time and prioritise tasks?*
- *What do you think are the benefits of time management?*

Was Interviewer*innen hier wissen möchten, ist, wie effizient Sie mit Ihrer Zeit umgehen und ob Sie Prioritäten setzen können. Gutes Time-Management ist zugleich ein Indiz für andere Eigenschaften und Fähigkeiten wie zum Beispiel Belastbarkeit, Durchhaltevermögen, Zuverlässigkeit und Stressresistenz. Beantworten Sie diese Frage anhand konkreter Beispiele. Sie können sich hier an der STAR-Methode (*Situation, Task, Action, Result*) orientieren, die Sie bereits in Kapitel 2.3 kennengelernt haben.

Mögliche Antworten

»For me good time management is one the most important management skills that is needed for success. This is certainly true for the profession of a software developer. I work at a large IT company and my job there involves a lot of multitasking. Every morning before I start I write down all the tasks for the next day and prioritise them. This helps me to remember everything and to keep on track with everything. It also gives me great satisfaction when I can check off a task on the list when it is completed. In this way I'm able to organise my day and work much more efficiently.«

»I consider myself to be a good organiser and time manager. In fact I regard good time management to be essential for the work of a department leader. When I start work in the morning, I look at what has to be done and I ask myself: what is important now and what is not so important? And then: what is urgent and what can wait? In this way I prioritise tasks. By the way, a good department leader needs to be able to delegate. Having the attitude that nothing happens in the department without my involvement would be an absolute waste of time.«

Are you a risk taker?

Alternative Fragen mit dem gleichen Frageziel:

- *How do you feel about taking risks?*
- *Do you have a problem with taking risks?*

Ihre Antwort auf diese verhaltensbasierte Frage nach Ihrer Einstellung zu Risiken gibt Aufschluss darüber, ob Sie ein*e eher proaktive*r Arbeitnehmer*in sind, die*der selbst Initiative ergreift und nicht erst auf eine Aufforderung von anderen wartet. Beschreiben Sie in Ihrer Antwort, welche Schritte Sie unternehmen, um Risiken zu identifizieren und abzuwägen. Ebenso sollten Sie Ihre Fähigkeiten zur Entscheidungsfindung anführen.

Mögliche Antworten

»Looking at it objectively I'm a person who can take risks. Of course it depends on the type of risk. If it were a matter of risking my house in a game of cards and winning five million euros I'd consider the consequences and would decidedly not take the risk. The loss would be too serious. In business life we mostly have to take moderate risks to make a moderate profit. The way is to observe a task or activity and then try to identify what the possible risks are. Then to consider the type of risk, size of the risk and the consequences of this action if it goes wrong. An example of risk assessment in my personal case had to do with writing a book for a German publisher. The timeline and deadline were extremely short, information had to be collected. I had many other tasks to complete such as teaching, proofreading etc. A meeting was called with my potential co-author and although we knew we would be under pressure and there was a risk that we wouldn't be able to keep the deadline, we decided to take on the project. So I was indeed a risk-taker, but in my mind it was a calculable risk I was prepared to take.«

»No, I don't believe I have a problem with taking risks. But if the scenario is to take a risk over which we have no influence but there is a massive win at the end, then it almost certainly is too good to be true. I'd surely not touch it. But in business you get a project and you have to succeed, so the process is that we need to define our project, identify all the risks big and small, then discuss in the team, (or think it through if we are working alone), and come to a decision is it ›yes or no‹. I have no problem with risk in business if the matter is thoughtfully prepared.«

What have you learned from your previous mistakes?
Alternative Fragen mit dem gleichen Frageziel:

- *In which way have you profited from your earlier mistakes?*
- *Do you believe we learn from our mistakes?*

Den Fragesteller interessiert hier, wie Sie generell zu Ihren Fehlern stehen und ob Sie Ihre Fehler analysieren und daraus Schlüsse für das zukünftige Verhalten ziehen. Mit einer Antwort wie »*Well – nobody is perfect. We all make mistakes, don't we*?« werden Sie nicht weit kommen.

Mögliche Antworten

»When I started my working life, I frequently reacted to things in a very spontaneous way. My attitude was to close my eyes and hope for the best. I must admit I did make some bad choices and got into quite a lot of trouble with it. I learned from my mistakes and adopted another strategy. Nowadays I check everything more carefully before taking a decision on board. It's a sort of well-considered spontaneity which leads to more success than I had earlier.«

»Actually I can mention quite a good example here. I was at my first job as a translator. A new client commissioned us with the translation of an annual report and gave us a deadline for the job which was really too short. But because it was a new client we accepted it knowing this it was virtually impossible. That was the first mistake which would drag others along after it. We completed the work just in time which meant I rushed the final quality check. The consequence was that we were reprimanded by the client for various errors in the document. We never received another job from this client. Since then I make sure that deadlines are feasible to allow for a good quality control. If necessary I talk to the client and try to arrange a later due date. In extreme cases I've also learned to say no.«

Sprachtipp: Question tags (Frageanhängsel) !

Sogenannte Frageanhängsel sind im Englischen ein beliebtes Mittel, um Gesprächspartner*innen zur Zustimmung aufzufordern. Geschickt eingesetzt sind sie auch im Vorstellungsgespräch ein adäquates Mittel, um Ihr Gegenüber auf Ihre Seite zu ziehen. Erfahren Sie hier, wie Question Tags im Englischen gebildet werden.

Positive Aussagen	negative Question Tags
It was a critical situation,	*wasn't it?*
This is an impressive result,	*isn't it?*
You've received my e-mail,	*haven't you?*
I'm right,	*aren't I?*

Negative Aussagen	positive Question Tags
It wasn't a critical situation,	*was it?*
This isn't a bad result,	*is it?*
You haven't forgotten our meeting,	*have you?*
I'm not mistaken,	*am I?*

If we asked a friend of yours to describe your character, what would they say?
Alternative Fragen mit dem gleichen Frageziel:

- *What do you think others think of you as a person?*
- *Do you know how you come across to others?*

Dies ist eine typische Frage, die gern Berufseinsteiger*innen oder Bewerber*innen für ein Praktikum gestellt wird. Interviewer*innen erfahren hier etwas über Ihre Selbstwahrnehmung und sondieren zudem, ob Sie teamfähig sind. Heben Sie hier positive Eigenschaften hervor, die auch für die angestrebte Stelle von Bedeutung sind.

Idealerweise belegen Sie Ihre Aussagen auch anhand von konkreten Beispielen.

Hier ein paar beschreibende Schlagworte, an denen Sie sich orientieren können:

- *ambitious*
- *keen*
- *self-assured*
- *understanding*
- *hard-working*
- *eager*
- *passionate*
- *capable*
- *mature*
- *willing*
- *creative*
- *motivated*
- *resourceful*
- *ambitious*
- *eager*
- *outgoing*
- *driven*
- *energetic*
- *organised*
- *reliable*
- *generous*
- *quick learner*
- *flexible*
- *reliable*
- *helpful*
- *persistent*

Mögliche Antworten

»I believe that I come across as an open, optimistic sort of person, who doesn't shy away from challenges. My friends at university would probably say that I'm the leader of the pack, and entertainer and caretaker at the same time. They'd express that I seem to excel in a crisis and take matters in my hand. I love to organise events and research things to the greatest detail. My fellow students always relied on me when it came to organising trips or events.«

»Friends would describe me as a very determined and ambitious person. They'd say that I'm someone they can rely on when the going gets tough. They would probably emphasise that I'm a very reliable and helpful person, who will do everything possible to keep promises. They probably see in me the workhorse amongst them as I always seem to get on with it and never complain. I'm a passionate chess player and member of a chess club in Herne. We organise a lot of tournaments on a local, national and also international level. I'm the main event organiser and very happily take on the lion's share of the work. It gives me great satisfaction when I see things are getting done.«

Can you say no?

Alternative Fragen mit dem gleichen Frageziel:

- *How do you disagree?*
- *Can you tell me a situation where you would say no?*

Gemäß dem Prinzip »Ja-Sager folgen, führen aber nicht«, sollten Sie hier Beispiele aufführen können, bei denen Sie Nein sagen würden, und auch die Gründe dafür nennen. Machen Sie Ihrem Gegenüber zugleich klar, dass Sie kein kategorischer Nein-Sager sind, sondern immer nach Lösungen suchen.

Mögliche Antworten

»I believe I can say no when I feel that the request is in some way not okay. In my capacity as a team leader I was, for example, asked by the Management to fire a member of my team just because they did not like him. I refused to do so, because that particular member of my team did an excellent job and I felt the management had overstepped its authority. Another red line for me is when I would be asked to do something illegal such as falsifying documents or destroying evidence. However, I'd like to emphasise that I'm not a ›no-man‹. In fact I'm always ready to offer every assistance or suggestion to solve a problem.«

»Whenever I'm asked to do something which seems impossible to achieve I'll try to consider it and do my best. For example, if I was given a completion date for a project which seems to be impossible to reach I wouldn't directly say no. I would first talk to my boss and let him know why it would be so difficult to fulfil the deadline, but I'd do everything I could such as involving extra staff or working overtime to complete on time. I'm certainly not one of those employees who always seems to say no or sees their glass half empty. It's important for me to be a positive member of the team.«

How do you deal with conflict?

Alternative Fragen mit dem gleichen Frageziel:

- *How can you best deal with conflict?*
- *How are you affected by workplace conflict?*

Mit dieser Verhaltensfrage möchten Interviewer*innen herausfinden, wie Sie mit schwierigen Situationen in Ihrem Umfeld umgehen. Damit erfahren sie etwas über Ihre Persönlichkeit, Ihre Fähigkeit, Probleme zu lösen, und Ihre Professionalität am Arbeitsplatz. Machen Sie hier keine generellen oder vagen Aussagen, sondern nutzen Sie für Ihre Antwort ein konkretes Beispiel. Orientieren Sie sich hierzu am besten an der STAR-Methode. Beschreiben Sie zuerst den Konflikt *(Situation)* und welche Rolle Sie dabei gespielt haben *(Task)*. Danach erläutern Sie, wie Sie das Problem angegangen sind und welche Maßnahmen Sie ergriffen haben *(Action)*, um den Konflikt zu lösen. Zeigen Sie zum Schluss die Ergebnisse *(Result)*, die den Erfolg Ihrer Maßnahmen deutlich machen.

Mögliche Antworten

»I was employed as a sales manager in a computer games retail outlet. One of the sales staff was in a heated discussion with a customer. It turned out that the customer had asked the salesperson to reserve the game for her for a couple of hours while she did something else. The salesperson agreed but later forgot and sold the last available game to another customer. So there was a fully-fledged blaming session in action when I intervened. First of all I acted very peacefully – no raised voice. I told the salesperson to take a coffee break. I diffused the situation and apologised to the customer on behalf of the company and showed him an alternative, also very popular game. It was very similar. And as compensation for the trouble I suggested we could offer a discount of 15 %. The customer was okay with my suggestion and accepted my offer. She left the shop happy and whenever she comes to the shop nowadays, she wants to be served by me.«

»I think you can best deal with conflict by keeping cool and suppressing your emotions. It achieves nothing by raising your voice or hiding behind ironic or sarcastic comments directed at one of the partners in the conflict. In such a situation we must show leadership and be the master of the environment to be able to solve the problem. To give you an example: two colleagues were arguing about the allocation of work. One of them complained that she always got the difficult stuff while the other colleague got the nice and easy projects because he was a pal of the boss. A sensitive issue! I suggested both of the protagonists should see me individually to tell me their side of the story. Next, I had an appointment with the boss in question to discuss a strategy behind closed doors. I explained the situation to her and it became clear that she hadn't realised how her behaviour was being interpreted and that it was causing distress. She promised to stop with this kind of favouritism and indeed the working environment became much more pleasant again.«

Sprachtipp: Beispiele geben

!

Wenn Sie Fragen anhand der STAR-Methode beantworten, dann müssen Sie in Ihrer Antwort konkrete Beispiele anführen. Mit folgenden Floskeln können Sie Beispiele einleiten:

- *If I may, I would like to share an example ...*
- *For instance ...*
- *Let me mention an example ...*
- *As a concrete example I would like to ...*
- *As proof ...*
- *To illustrate ...*
- *To give you an idea ...*
- *In specific terms ...*
- *An example being ...*
- *To be specific ...*
- *One example ...*

What do you think will be the particular challenges of your potential new job?
Alternative Fragen mit dem gleichen Frageziel:

- *What challenges will you face in this position?*
- *In your mind, what will be expected of you in this job?*

Hier wollen Interviewer*innen wissen, ob Sie sich mit den Herausforderungen der Stelle auseinandergesetzt haben und ob Sie wissen, was auf Sie zukommt. Interviewer*innen wollen sich sicher sein, dass Sie die Belastungen der Stelle nicht falsch einschätzen und Sie später eventuell überfordert sind. Die Stellenausschreibung bietet hier einen guten Anhaltspunkt für die Beantwortung der Frage.

Mögliche Antworten

»I'm excited by the idea of organising large-scale events and regard this as a fantastic opportunity. Although I planned events for my last employer, I haven't organised international conferences of this scale. I believe with my attitude to quickly adapt to new situations and my mindset to learning I will be able to quickly learn the ropes and develop into a skilled performer. The challenge of learning new skills and technologies, working together with many new colleagues in a new environment is a very rewarding aspect of this position.«

»This job represents a step forward in my career and would be my first position as a manager. It has always been my ambition to head a department. This is an exciting challenge which motivates me. Apart from my in-depth expertise in this field I have also proven my leadership skills in a number of small project teams. I believe that my experience in the industry together with my willingness to learn and my ability to communicate well with people will allow me to make a positive difference for your organisation.«

How do you deal with pressure and stress?
Alternative Fragen mit dem gleichen Frageziel:
- *What causes you stress at work and why?*
- *How do you think you'll handle stressful situations this job will surely bring?*

Stressresistenz ist eine gern gesehene Tugend bei Arbeitgebern. Daher wird die Frage, wie Sie mit Druck und Stress umgehen, oft gestellt. Interviewer*innen erhalten bei dieser Frage zudem Aufschluss über Ihre Belastbarkeit. Am besten gehen Sie auch hier nach der STAR-Methode (siehe Kapitel 2.3) vor, wenn Sie die Frage beantworten. Beschreiben Sie eine Situation, bei der Sie unter Druck waren und wie Sie diese Herausforderung erfolgreich gemeistert haben.

> **Mögliche Antworten**
>
> »I believe that a healthy amount of stress is good in every job. I find that stress motivates me and keeps me focused. I was recently assigned a last-minute project for an important client. Instead of panicking I took a moment to set out a road map and outlined a time schedule. With a clear idea of what needed to be achieved and by when, I got down to work. During the project I made sure that my line manager was in the picture at all times. I am pleased to say that I delivered the project on time and the customer was very happy with the outcome.«
>
> »I must say that I personally love a challenge and the stress and pressure that comes with it. In my present job I was given tasks from two different departments. At times it was impossible to complete the projects in the given time frame simply because of the work load. Instead of ending up overwhelmed and stressed out, I sat down with both department leaders and discussed which tasks were more urgent and which ones could be done later. This allowed me to prepare a list of priorities and organise my work according to this list. This helped me to complete the tasks quickly and efficiently. By prioritising tasks I've found that I can handle much bigger workloads without being stressed and losing my overview.«

What do you do in your leisure time?
Alternative Fragen mit dem gleichen Frageziel:
- *How do you spend your spare time?*
- *What do you focus on when you're not at work?*

Wenn Sie in Ihrem Lebenslauf keine Angaben über Hobbys oder private Interessen gemacht haben, dann wir Ihnen diese Frage eventuell im Vorstellungsgespräch gestellt werden – denn die Art der Freizeitgestaltung sagt auch etwas über Ihre Persönlichkeit und Mentalität aus.

Mögliche Antworten

»I do a lot of physical exercise to keep as fit and healthy as I can for my work as well as my private life. Very helpful is swimming on a regular basis, on average about three times a week. I also eat moderately and healthily. I know that your organisation places great emphasis on creating opportunities for their employees to get involved in sporting events. I'm particularly impressed with the modern gym you set up and which is free to use by your employees. I feel this is a very progressive step which promotes health and genuine communication amongst employees that can only be positive for them and their company.«

»I spend some of my spare time doing sport, for example squash. I feel it helps to develop self-discipline for other areas of my life such as the workplace. Physical activities can support the reduction of stress and anxiety in work situations. I'm also an advocate of lifelong learning and regularly take part in further education courses. This also reduces workplace-related stress because you have learnt something extra and useful for your job. Finally enjoying a show or film and socialising with friends is also necessary. Having a good balance is the right way towards success in any job.«

5.6.1 Beispieldialog

Interviewer*in:	Well, I'd like you to describe your greatest achievement in your career to date.
Bewerber*in:	Oh well, I'll have think for a minute. Oh yes, I was the team leader on a project to design an electronic control system for central heating systems. We were short-staffed for various reasons and the deadline was six months. That sounds a lot but under normal circumstances a project like that should have taken a minimum of twelve months including final testing etc. I reorganised the team and approached two other team leader colleagues to loan me one and a half persons each. We were able to change a couple of priorities in the three teams and I got the staff. We achieved our deadline and were commended. I hope to show this flexibility in my next company.
Interviewer*in:	Very entrepreneurial, I must say. So what do you consider your greatest strengths and what about weaknesses?
Bewerber*in:	I suppose a good thing about me is that I love a challenge, the harder the better, and I'm very well organised with my deadlines etc. Oh, I forgot to mention I seem to have a talent in motivating people to get things done. Regarding weaknesses perhaps I often bite off more than I can chew. I overload myself.

Interviewer*in: I'm sure it's a very positive gift. Well, how do you feel about taking risks at the workplace? You might need to if you are as goal-driven as you say you are.

Bewerber*in: If I have to take risks I try to understand what the consequences will be for the group, the company and the customer. I find a strategy, as safe as it can be, then just go for it.

Interviewer*in: Do you feel under stress at the workplace? How do you manage that?

Bewerber*in: Well, project work can be very stressful, simply because it always involves deadlines. I found it important to define subgoals with timelines and checkbacks. People need a plan of action.

5.6.2 Formulierungshilfen: selbstbewusst kommunizieren

In einem Vorstellungsgespräch geht es einzig und allein darum, Ihr Gegenüber davon überzeugen, dass Sie die Idealbesetzung für die Stelle sind. Sie müssen sich also gut verkaufen. Dafür braucht es eine selbstbewusste Sprache. Folgende Formulierungen helfen Ihnen dabei:

- *I am absolutely certain to …*
- *I can assure you …*
- *I can guarantee you …*
- *You see, the outcome was excellent …*
- *But surely you must agree that this …*
- *There's no doubt about it.*
- *It's definitely certain that …*
- *Let me reassure you on that point …*
- *I understand your apprehensions but they are unfounded.*
- *I'll do everything in my power to …*
- *I wonder if you've considered …*

5.7 Fragen rund um die Bewerbung im Ausland

Why do you want to move overseas for this job?
Alternative Fragen mit dem gleichen Frageziel:

- *What's the reason for wanting to work overseas?*
- *What do you expect from your move abroad?*

Diese Antwort sollte Ihnen eigentlich leichtfallen. Schließlich haben Sie sich die Entscheidung, im Ausland zu arbeiten, reiflich überlegt. Nennen Sie die Gründe und Erwartungen, die Sie mit der neuen Arbeitsstelle im Ausland verbinden. Mit Antworten wie »*I'm doing it because I can earn a lot more money over here*« oder »*It's because my partner has been offered a one-year contract as a lecturer at the local university and I wanted to be with her*« können Sie hier sicherlich nicht punkten. Der Wunsch, sich beruflich weiterzuentwickeln, ein neues Arbeitsumfeld sowie eine neue Arbeitskultur kennenzulernen, sind hier sicherlich die besseren Argumente. Überzeugen Sie den*die Interviewer*in, dass es nicht der Umzug ins Ausland ist, der Sie reizt, sondern die Stelle und die damit verbundenen Anforderungen.

Mögliche Antworten

»On the one hand this job fits my qualification, experience and know-how perfectly. I believe I can contribute a lot to this job and your company. On the other hand I also believe that I can really benefit from starting a new chapter in my life involving working abroad. Learning a new language and being confronted by a new culture will definitely broaden my personality. Perhaps the most important point is to gain the skill of becoming adaptable for only if you are flexible can you hope to succeed. This will be a valuable asset for me personally but also in my professional world. I see it as a real win-win situation.«

»I've worked overseas a couple of times earlier in my life and have felt it to be a positive, fulfilling experience. After working back in Germany for the last two years I'm now looking forward to working in Europe again especially now that I speak several languages fluently including English, Spanish, Portuguese and Russian. I mention the languages as they are a vital requirement for this job. The work as a Multinational Procurement Manager represents the logical next step in my career. I feel that my personality, past experiences and not to forget my extensive language skills make me an ideal candidate for the position advertised.«

Is this the first time you have applied for a job in this country?

Alternative Fragen mit dem gleichen Frageziel:

- *Have you ever applied for a job abroad before?*
- *Will this be the first time you are working in this country?*

Interviewer*innen möchten hier wissen, ob Sie eventuell bereits Erfahrungen mit Bewerbungen und Vorstellungsgesprächen im Ausland gesammelt haben. Zugleich erfahren sie dadurch auch, ob Sie sich noch bei anderen Firmen beworben haben.

Mögliche Antworten

»My wish to gain some work experience in Canada started about two years ago during my gap year after completing my degree in engineering. I spent about three months of my travels in Canada and was absolutely blown away with your country and its people. I actually didn't want to leave anymore and applied for a job there and then. However, not only was I not very well prepared with my CV and participating in job interviews, but I also had problems with getting a visa. When returning to Germany I straight away got a job in the design department of a mechanical engineering company. It is still my absolute wish to live and work in Canada and I have indeed applied to other potential employers in and around Vancouver.«

»Well, this is the first time I have applied for a job in the USA. As you know, there are only a small number of companies that specialise in the field of biometric data solutions. And as far as I know your company is the only one in the US operating in this field. Understandably I was very excited to find this job posting in the Indeed job portal as the position advertised does represent the exact area of research I want to work in.«

We have many applications from within our own country. Why should we give the job to someone from abroad?

Alternative Fragen mit dem gleichen Frageziel:

- *For what reason should our company offer a job to somebody from another country?*
- *What are the advantages from hiring someone from a foreign country?*

Diese Frage ist eigentlich vergleichbar mit der Frage »*Why should we hire you?*«. Interviewer*innen möchten also etwas über Ihre Stärken und Pluspunkte erfahren. Führen Sie jene Stärken auf, die für die ausgeschriebene Stelle wichtig sind. Betonen Sie insbesondere Vorzüge, die ein*e deutschsprachige*r Mitarbeiter*in für das Unternehmen bringen kann. Für international tätige Unternehmen ist eine internationale Belegschaft eine wertvolle Ressource.

Mögliche Antworten

»I believe there are a lot of advantages that a company can benefit from having an international workforce. The obvious one is that in today's global market it's important to have employees who speak the languages of the foreign markets and also understand the cultural differences. Furthermore, they can bring a different perspective to the job resulting in new ideas and creativity. In my past I did a lot of research and planning before committing to moving abroad and pursuing a career in Australia. So what you'll get from me is a highly motivated and committed employee with a lot of experience in this field and you will be able to support your ambition of increasing your market share in Germany, Austria and Switzerland.«

»Well, in my case I'm of the opinion that I have several strengths that will be of great benefit to your enterprise for developing its business in foreign markets. As a Regional Sales Director for Europe I can bring a lot of know-how and experience to the table. I possess in-depth knowledge of the relevant markets and would be able to set out the strategies needed to operate successfully in these markets. I also believe that your company would profit from new approaches and new tools for customer relations work that I would love to introduce, should you decide to give me the job. In addition I'm sure my knowledge of four European languages is a welcome asset especially in a multinational scenario.«

What do you know about this country/city?

Alternative Fragen mit dem gleichen Frageziel:

- *How familiar are you with our region?*
- *What do you know about working life over here?*

Interviewer*innen möchten mit dieser Frage erfahren, ob Sie sich intensiv mit dem Land, der Region bzw. dem Standort des Unternehmens befasst haben. Überzeugen Sie Ihr Gegenüber, dass Ihre Bewerbung nicht auf Tagträumen beruht, sondern dass Sie über Arbeits- und Lebensbedingungen, Kultur und andere wichtige Fakten Bescheid wissen.

Mögliche Antworten

»Well, I've been reading a lot about New Zealand as a place of work and it seems to me that it is one fine place to live for several reasons. Your company is based in the capital Wellington on the North Island. I visited the town on several holiday trips to New Zealand, and I've fallen in love with it. It has a wonderful mix of culture, history, nature and last but not least cuisine. I'm into food in a big way. It's a hobby of mine and Wellington seems to be the food capital of New Zealand. However, what is most important for me is the film industry which is growing at a fast rate. I'd love to work as a camera woman for your production company and I believe my experience in this profession from the Bavaria Studios in Munich makes me an attractive candidate for this position.«

»Basically I'm interested in Canada for the simple reason that I lived there for a few years with my family. My father was working in the oil industry and we moved around a lot back then. I have been moving around in my adult life, too. I've now reached a point when I want to settle down for good. I have very fond memories of my life here in Canada. I love its multi-cultural society with many migrant communities, the openness of the people there and the great beauty of the country. So my application was certainly not made on the spur of the moment.«

How do you think you would handle the emotional side of living in another country and leaving your family and friends behind?

Alternative Fragen mit dem gleichen Frageziel:

- *How do you think you'd be able to settle in?*
- *What might be problematic for you working abroad?*

Eine durchaus legitime Frage. Kein Arbeitgeber möchte neue Mitarbeiter*innen gleich wieder verlieren, weil sie sich in der neuen Umgebung unglücklich fühlhen. Machen Sie dem*der Fragesteller*in klar, dass Sie sich damit auseinandergesetzt haben und warum der Umzug in ein anderes Land für Sie kein Problem sein wird.

Mögliche Antworten

»I don't believe I'd have real problems to settle in and get organised and find my way in another country. I have a very open and outgoing personality so I believe I would get settled in and get used to everything very quickly. I already checked out the local rental market for finding an apartment to live in. And I was very pleased to find out that there are many opportunities, so I'm sure that it won't take me very long to find a place to live. One of the first things I'd do is to find a table tennis club over here. Back home in Germany I have been playing in quite a high league so I'm hoping there is one or the other club around who would love to have me in their team. In truth I expect to be extremely busy at work and getting everything organised, so I'll have no time to miss family and friends and in a case of emergency there is always Skype, Zoom and WhatsApp.«

»I've given much thought to this situation. And of course it might be a little difficult at first since I won't know anybody at the beginning. But I guess this would soon change when I get to know my new colleagues. In any case no matter where you are in the world people nowadays stay in touch via social media, so I'll still have close contact to family and friends.«

Working conditions in this country are much tougher than in Germany. What makes you think you could succeed in such an environment?

Alternative Fragen mit dem gleichen Frageziel:

- *In Germany, employees' rights are much more protected than over here. Do you think you could cope with this situation?*
- *Working life is certainly very different than in Germany. Why should you succeed?*

Auch hier gilt es wieder überzeugend darzulegen, dass Sie Ihre Hausaufgaben gemacht haben und über die lokalen Arbeitsbedingungen und Gegebenheiten Bescheid wissen und diese anerkennen.

Mögliche Antworten

»I expect to succeed in Japan because I've prepared and informed myself about the conditions and the obligations in the company that I'm applying to. I feel their goals are the same as mine with quality being at the top of the list. I've researched the performance of the company and am very acquainted with the products and services and know very well what is expected of me. It is important to understand the country and I was supported in doing just that during my university studies where I specialised in Japanology. I'm aware that I'll have to spend many extra hours working in the company and that the company takes priority over everything else. I'm ready for the challenge!«

»Maybe working conditions in your country are more difficult than in Germany but this doesn't worry me. I've thoroughly looked into this topic and am fine with what will await me. I'm of the opinion regardless of where you work you need to accept and adapt to the conditions. I'm ready to work hard and succeed.«

English is not your first language. What makes you think you can do this job?
Alternative Fragen mit dem gleichen Frageziel:

- *Do you expect any language issues?*
- *Have you given any thought to communication questions?*

Genau genommen dürften Interviewer*innen Ihnen diese Frage so gar nicht stellen. Die Vermutung, dass Ihre Nationalität bedeutet, dass Sie nicht in der Lage sind, den Job auszuführen, könnte als Diskriminierung ausgelegt werden. Machen Sie mit Ihrer Antwort deutlich, dass Sie über die erforderlichen Sprachkenntnisse verfügen, um die Aufgaben der Stelle effektiv erfüllen zu können. Geben Sie einen kurzen Überblick, wie und wo Sie die Fremdsprachenkenntnisse erworben haben und führen Sie praktische Einsatzbeispiele an.

Mögliche Antworten

»One of the reasons for applying for this job in the UK is that I have spent a lot of time training up my English. Indeed I have a diploma in advanced business English. I have taken the Cambridge IELTS exam and reached a band score of eight which is equivalent to a C1 level on the European Framework of Reference for Languages. Perhaps more important is the fact that I've worked for three years in an international environment in the IT industry and have expert knowledge of English in this field. I feel completely at home working and communicating in this area.

> »I'm happy to confirm that I have an excellent command of English, both written and verbal. Therefore I don't foresee any problem to live and work in an English-speaking country. I'm a bit of an anglophile and I always loved speaking and learning the language. At grammar school English was one of my core subjects and I reached top grades in my final exam. After that I continued with improving my language skills by visiting many language courses offered by the adult education centre. Two years ago I took the advanced spoken English examination of the London Chamber of Commerce. To round off my knowledge I spent a year working in a hotel in Scotland.«

5.7.1 Beispieldialog

Interviewer*in: What's the reason for you wanting to move overseas? Why the effort?

Bewerber*in: Of course it's easier to stay in your own country. You know the way things go. And perhaps there is more security in that strategy, but I don't always want everything to be the easy way. I've always needed challenges. I want to succeed, to make my own way in a new environment.

Interviewer*in: Okay, but can you tell me the advantages our company might experience in employing someone from abroad?

Bewerber*in: Well, first of all, you would have a German native speaker in your ranks. That surely represents an advantage for a company wanting to intensify its business efforts in the German-speaking market. What's more you would benefit from someone who can bring a different perspective to the job opening up new and creative ideas.

Interviewer*in: You might be right. Well, this is a new, an unknown country for you. Doesn't that worry you at all?

Bewerber*in: Yes, I've been thinking about that point so I've spent a lot of time getting to know the country and its ways and approaches to working life. I think I know what's awaiting me. And I'm prepared for it. I'm sure I'll fall on my feet.

Interviewer*in: You certainly sound confident. But now to a practical issue. You know it can be difficult and tiring to work exclusively in a foreign language, don't you?

Bewerber*in: Yes, I do! But I feel certain that I'll succeed. In the last few years I've been intensely studying English, especially in the specialised field of Financial English. In addition I have been able to use my language skills at work where I was responsible for monthly financial reporting. This meant that I was in regular contact with colleagues from all over the world.

Interviewer*in: Indeed you sound very proficient in English from what I've been hearing in this interview.

5.7.2 Formulierungshilfen: Idioms für Vorstellungsgespräche

In der englischen Sprache wimmelt es von idiomatischen Redewendungen, die für Nicht-Muttersprachler oft verwirrend sind. Beeindrucken Sie Ihr Gegenüber, indem Sie hie und da ein Idiom in die Unterhaltung einstreuen. Hier ein paar zur Auswahl:

Englisch	Deutsch
to learn the ropes	sich einarbeiten; etwas erlernen
to burn the candle at both ends	sich übernehmen; sich überarbeiten
to get the ball rolling	den Stein ins Rollen bringen
to be up to speed	auf dem neuesten Stand sein
a win-win situation	zum beiderseitigen Vorteil sein
to have a lot on one's plate	viel um die Ohren haben
to sell like hot cakes	wie warme Semmeln weggehen
a dead-end job	Job ohne Zukunft
a golden handshake	eine hohe Abfindung
to be snowed under	mit Arbeit eingedeckt sein
a nine-to-five job	geregelter Arbeitstag
to work one's fingers to the bone	Knochenarbeit leisten

!

Sprachtipp: Die korrekte Verwendung der ing-Form

Für deutsche Muttersprachler ist die Verwendung der Present-Continuous-Zeitform im Englischen immer wieder ein Problem. Das liegt daran, dass im Deutschen nicht unterschieden wird, ob eine Handlung über einen längeren Zeitraum stattfindet (Present-Simple-Form) oder ob sie gerade im Moment stattfindet (Present-Continuous-Form – auch ing-Form genannt). Hier ein paar Beispiele zur Verdeutlichung:

Present Simple: Handlung findet regelmäßig bzw. längerfristig statt	Present Continuous: Handlung findet im Moment statt
I work at Esselte Meto.	*I'm working on a tricky problem at the moment.*
She drives to work every morning.	*She is driving to work right now.*
I usually answer e-mails every morning.	*I'm sitting at my desk answering e-mails.*

5.8 Fragen zur Kompetenz

Why do you consider yourself to be the best candidate for the position?
Alternative Fragen mit dem gleichen Frageziel:

- *What can you bring to this job other applicants can't?*
- *In your opinion what makes you the best candidate for this job?*

Wird Ihnen diese Frage im Bewerbungsgespräch gestellt, dann dürfen Sie darauf ruhig eine mutige Antwort geben. Hier ist Selbstmarketing gefragt. Sie müssen mit Ihrer Antwort überzeugen, ohne dabei überheblich zu wirken.

Mögliche Antworten

»I've worked in sales for twelve years and have achieved my targets. This was possible because I was able to build up successful relationships with key players in our industry. As a result of this I achieved far higher than average sales compared to colleagues and competitors. I consider myself to have the know-how, competence and experience to succeed in the next sales job I take.«

»I believe I meet all job requirements in terms of education, work experience and skills. I have a Master's Degree in Media Science and have assumed various roles at different publishing houses. I have gained a lot of experience and possess a deep understanding of what it takes to successfully produce scientific publications. In my present job as an editor for a scientific publishing house I've been able to more than double the circulation of our flagship journal during my time there. I feel that all the above reasons paired with my ambition and motivation to take on the position of editor-in-chief at your publishing house make me an ideal candidate for this position.«

!

Sprachtipp: Die Macht der Worte

Die Kunst im Vorstellungsgespräch ist es, die richtigen Worte zu finden, um sich gewinnend zu präsentieren, ohne prahlerisch und überheblich zu wirken. Eine unkluge Wortwahl kann Gespräche negativ beeinflussen. Folgende Frage verdeutlicht, was hier gemeint ist:

Frage:	*Do you have any experience in sales?*	
Antwort A:	*Not really, just a one-week work event at school.*	zu negativ
Antwort B:	*Yes, I'm fantastic at sales. I can sell anything to anyone.*	zu prahlerisch
Antwort C:	*Yes, in fact I took a part-time retail job to gain some hands on experience.*	genau das richtige Maß

Nachfolgend haben wir für Sie eine Auswahl and Worten und Formulierungen gesammelt, die für eine positive Wirkung im Vorstellungsgespräch sorgen:

- *I can …*
- *I cherish the opportunity to . .*
- *I do believe I …*
- *I do enjoy …*
- *I feel real excitement …*
- *I have a proven track record …*
- *I have a sound knowledge of …*
- *I have the confidence …*
- *I look forward to …*
- *I love a challenge …*
- *I successfully …*
- *I thrive on …*
- *I will …*
- *I'm able to …*
- *I'm confident that …*
- *I'm excited about*
- *I'm good at …*
- *I'm motivated to …*
- *I'm very …*
- *I've got no problem to …*
- *My strengths are …*
- *With a high level of success …*

Vermeiden sollten Sie hingegen folgende Formulierungen:

Wendungen, die fehlendes Selbstbewusstsein suggerieren:

- *This job would be a challenge for me.*
- *I'm not bad at …*
- *I'd be prepared to give it a go.*
- *My colleagues are always telling me I'm quite good at …*
- *I haven't really thought about it.*
- *I don't know.*
- *I'd give it a try.*
- *I think I would be able to …*
- *I suppose so.*
- *I might be all right.*
- *I should be able to cope.*

Formulierungen, die ein übertriebenes Selbstbewusstsein suggerieren:

- *I'm fantastic*
- *I'm the best.*
- *I guarantee you won't regret it.*
- *I'm really, really good.*
- *I'm known to be the top in that.*
- *I never fail.*
- *I know I can do this job better than any of the other candidates.*
- *I'm successful in everything I turn my hand to.*
- *I'm a winner, not a loser.*
- *I've had lots of job offers.*

Describe your skills and capabilities.
Alternative Fragen mit dem gleichen Frageziel:

- *What skills and qualities can you bring to this job?*
- *Which skills do you feel will be most beneficial for this job?*

Neben Ihrer Motivation und Persönlichkeit sind Kompetenzen und Fähigkeiten eine weitere wichtige Grundlage, auf der Personalentscheidungen gefällt werden. Hier will der Fragesteller vor allem solche Kompetenzen und Fähigkeiten hören, die sich auf die ausgeschriebene Position übertragen lassen. Wenn Sie sich auf diese Frage vorbereiten, orientieren Sie sich an den in der Stellenausschreibung genannten Anforderungen. Belegen Sie Ihre Kompetenzen mit konkreten Beispielen, die Sie anhand der STAR-Methode (siehe Kapitel 2.3) beschreiben.

Mögliche Antworten

»Well, I think that I'd bring vital interpersonal skills to the job. I've been working in customer service for almost five years and I've compiled a portfolio of the necessary competences to succeed in this role. At my present job it's part of my day-to-day business to look after customers and make sure they are satisfied. To succeed in this endeavour I have learned to be a good listener. It's the easiest mistake to make to push on with your own agenda and frustrate the customer who probably already feels misunderstood or neglected. Another skill that is absolutely essential in this job is to be extremely patient even when you are confronted with aggressive behaviour on the part of the customer. I've found a way to make them feel relaxed and regain their trust. In my eyes it's vital to keep customers loyal since it's ten times more difficult and time-consuming to replace them. I assume that these are all things that are needed for the job at your company.«

»In my last two years as a chief receptionist I have acquired skills that help me to be a friendly and professional recipient of customers and clients especially as the first stop and contact when clients arrive at the company. Nowadays and in particular in times of a pandemic this function is also carried out online using videoconferencing tools such as Zoom or Teams – a strategy which I'm also in charge of at the company. This includes knowing how to speak to the clients in an even, friendly manner also in stressful situations. The client's first impression of the company and its atmosphere may be decisive at a later stage. I understand that these skills must also be transferred to my next employer and are certainly needed for the job I'm applying for.«

Describe your problem-solving skills.
Alternative Fragen mit dem gleichen Frageziel:

- *When you are faced with a problem, what do you do?*
- *Can you describe a problem you had? How did you solve it?*

Fragen rund um Problemlösungskompetenzen werden oft in Vorstellungsgesprächen gestellt. Die Fähigkeit, Probleme zu analysieren, zu verstehen und zu lösen, ist eine gefragte und gern gesehene Kompetenz bei Bewerber*innen. Auch hier ist es wichtig, Ihre Antwort anhand von konkreten Beispielen zu belegen.

Mögliche Antworten

»At my last company the management introduced restructuring measures. In this process I was asked to take on work from other job roles that no longer exist. The problem was that I was already working at full capacity. At first I tried to deal with the extra workload by simply working overtime to be able to hit my deadlines. But this was only a quick fix and no solution for the long term. So I sat down and came up with a strategy. The first thing was that I prioritised the workload according to what was important and urgent and what was less important and could wait. In a second step I sort of re-defined the way I was working and looked for ways to make it more efficient. I was able to restructure my workday so that I could complete all tasks on time and in the quality needed.«

»I have the view that solving problems generally requires multiple skills. A problem solver needs to be analytical, innovative, creative, flexible and resilient to name just a few. So in my current job, for example, we had a problem with falling client attendance rate at an annual conference I and my team used to organise. To find out what the underlying reasons were we performed a survey amongst our clients and asked them what they would like to see in our future events. This led to an in-

> teresting new list of potential topics for our next events. In addition we also received valuable input on how we could improve the event. In the client survey we also asked our client consultants for their ideas on attracting new attendees. The key message here was to intensify our efforts using social media channels. With all this information at hand I created an action plan which was put in place by my team. We were happy to see the registrations for our events increased by 20 %.«

What is the most recent skill you have acquired?
Alternative Fragen mit dem gleichen Frageziel:

- *Which skill have you learned recently?*
- *What is the most important skill you have acquired?*

Dies ist eine Frage, die häufig Berufseinsteiger*innen bzw. Bewerber*innen mit wenig Berufserfahrung gestellt wird. Sie müssen hier also nicht unbedingt eine berufliche Fähigkeit beschreiben, sondern können auch Skills nennen, die Sie in anderen Lebensbereichen erlangt haben.

> ### Mögliche Antworten
>
> »Last year I was working for my local squash and tennis club. I'd been a member for just two years. I was surprised to be asked to take on the job of chief organiser of the club. I was delighted but the joy quickly wore off when I realised my tasks not only included planning and organising events, but also some book-keeping tasks, which I had no previous experience with. So I decided to enrol in an online accountancy training course. I was surprised to recognise that I was quickly able to master these tasks. Some formal educational support had solved the problem.«
>
> »My most recent skill is in fact a technical skill. At present I'm working as a senior translator in a large translation office. We mainly used a translation management system called Star. However, for a new client it was necessary to work with another system which is not comparable to the one I was used to. I participated in a one-week training and have been using this software successfully for the new client who has trusted us with quite a few extra translation jobs.«

How much training do you think you'll need to become a productive employee?
Alternative Fragen mit dem gleichen Frageziel:

- *How well does your education prepare you for this job?*
- *What gaps are there between your education and becoming effective in this job?*

Mit dieser Frage müssen vor allem Berufseinsteiger*innen rechnen. Interviewer*innen möchten hier von Ihnen erfahren, welche Maßnahmen in Ihren Augen erforderlich sind, um die Position produktiv besetzen zu können. Vergleichen Sie die Anforderungen der Stelle mit Ihren bestehenden Fähigkeiten, um zu erkennen, welche Kompetenzen Ihnen eventuell noch fehlen.

Zeigen Sie mit Ihrer Antwort, dass Sie wissen, worauf es bei der Stelle ankommt. Zudem kann Ihr möglicher neuer Arbeitgeber erforderliche Schulungs- und Einarbeitungsmaßnahmen gezielt planen.

Mögliche Antworten

»I realise that I'm at the start of my professional career. However, I have the benefit of a good education and have some practical knowledge from previous placements I completed as part of my degree programme. Of course I would be absolutely delighted if I could participate in one of your internal training courses you offer entry-level applicants. Considering all these factors I believe I will slip into place smoothly in your company.«

»Given my background and qualifications, I'm confident that I will learn the ropes of this job quickly. I understand that it's essential for this role that I rapidly become familiar with your inhouse IT system, procedures and processes. I'm happy to participate in any extra outside training you might think necessary to make me a productive employee from day one. I look forward to the challenge.«

What contribution do you make to your current employer?
Alternative Fragen mit dem gleichen Frageziel:

- *Of what benefit are you to your current employer?*
- *What do you think your present employer's opinion is of you?*

Interviewer*innen werden Ihnen diese Frage stellen, weil sie ein Gefühl dafür bekommen möchten, welchen Beitrag Sie für das Unternehmen leisten können. Zählen Sie also solche Erfolge auf, die auch für das neue Unternehmen einen Mehrwert darstellen. Sie sollten hier weder schüchtern noch übertrieben prahlerisch antworten.

Mögliche Antworten

»Actually, I'm employed as an internal auditor at a start-up software company. My job primarily involves the evaluation of internal processes and workflows and communication. I report to the CEO of the company and my work is well respected. In the past I've been able to streamline a number of internal processes to make them much more efficient. These measures had a direct effect on performance figures and as such the success of the company. I have the talent to introduce small changes that make a big difference. My boss is very aware of this skill.«

»Regarding the daily work I think my employer is very satisfied with me. In the last two years things have gone well and the appraisal interviews with my line manager were very positive. Regarding the effect I've had in the company I feel that I have developed into an unofficial leader. I believe it has to do with my extremely dynamic approach to work. My colleagues and indeed my boss rely on me to be the driving force behind projects and get things rolling. I'm of the opinion that an employee should try to make a difference in his job, understand his environment and put his back into the work to get the greatest success.«

What project management methods do you use?
Alternative Fragen mit dem gleichen Frageziel:
- *What do you understand by professional project management?*
- *What does the plan for project management look like?*

Mit dieser kompetenzbasierten Frage können Sie rechnen, wenn Sie sich auf eine Stelle bewerben, die mit Projektarbeit verbunden ist. Hier möchten Interviewer*innen etwas über Ihre fachlichen Fähigkeiten erfahren, die Sie einsetzen, um Projekte zu leiten und mit dem bestmöglichen Ergebnis abzuschließen. Zu den Skills, die Sie hier aufführen können, gehören:
- *effective time management*
- *good communication*
- *competent organisational skills*
- *profound problem-solving expertise*
- *excellent leadership and teamwork skills*

Mögliche Antworten

»There are several questions I'd first clarify when I take on a new project. I'd start off by verifying what the overall project goal is. It's also important to know what resources regarding money, time and personnel will be available. Of vital importance is the timing and of course the project deadline. During the individual project phases it's up to me to keep track of the costs, quality and timing. This requires excellent and clear communication and of course a lot of experience.«

»When I create the plan for a project I need to take several factors into consideration. Of course plans vary according to the type of business and the field of work.

> A very important factor for successful project work is vigilant time management. Every project also requires a certain degree of flexibility. No matter how perfect a plan is you need to be ready to adapt it because the underlying conditions have changed. Managing a project also means being able to solve problems and finding creative solutions. For this clear communication is of the essence. Everyone involved should understand what they have to do. Projects should be managed and completed as a team. Teamwork must therefore be continually fostered and supported.«

Can you tell me about a major problem at work that you've had to deal with?
Alternative Fragen mit dem gleichen Frageziel:

- *Can you explain in theory how to defuse a conflict at the workplace?*
- *Can you talk about a major project you were involved with that went wrong?*

Probleme am Arbeitsplatz sind unvermeidbar, egal welchen Job Sie haben. Interviewer*innen geht es hier eigentlich nicht um Probleme als solche, sondern vielmehr um Ihre Kompetenz, Probleme zu lösen. Arbeitgeber wollen keine Probleme, sondern sie wollen Lösungen..

Nennen Sie hier keine selbstverschuldeten Probleme, sondern vielmehr situationsbedingte Probleme, die weder Sie noch andere Kolleg*innen verursacht haben. Eine einfache Beschreibung des Problems reicht hier natürlich nicht, sondern demonstrieren Sie vielmehr, wie Sie das Problem angegangen sind, welche Maßnahmen Sie ergriffen haben und zu welchem Ergebnis diese geführt haben. In anderen Worten: Beantworten Sie die Frage mithilfe der STAR-Methode (siehe Kapitel 2.3).

> ### Mögliche Antworten
>
> »Yes, I can remember a problem with one of the members in my team in the purchasing department at my present employer. We were working on the global rollout of a new purchasing software. Everyone in the team was responsible for a certain country and had to make sure that all employees at the location were trained to work with the software. Each project phase had a certain deadline. However, this particular member was always late finishing her tasks. When I approached her she reacted defensively. I acknowledged that the deadlines were tight and I asked her how I could assist her. She was very happy that I offered her help and admitted that she felt overloaded because of certain communication issues she had with the employees in one of the locations. I arranged a meeting between her, the location manager and myself to address the problem. The meeting went very well and we agreed on a plan to improve things. For the remainder of the rollout this team member delivered great work.«

»When dealing with a conflict I'm of the opinion that we should consider several ideas and build a structure. The first thing to keep in mind is that we're dealing with people and people can mean stress and conflict. So I'd listen to both sides of the quarrel with empathy and understanding. I'd identify the problem and encourage both parties to work it out peacefully. If they are not able to resolve the issue I would point them in the right direction and show them a way forward. We have to nip it in the bud before it spreads through the whole team. It's absolutely necessary to remain impartial in all of this.«

What is your customer service philosophy?
Alternative Fragen mit dem gleichen Frageziel:

- *Can you tell me about a difficult customer you've had and how you handled them?*
- *Can you give me an example of an occasion when you exceeded a customer's expectations?*

Interviewer*innen möchten mit dieser Frage etwas über Ihre Kundenservice-Kompetenzen erfahren. Jedoch ist diese Frage weitreichender, als sie auf den ersten Blick erscheint, denn viele Kompetenzen, die beim Umgang mit Kund*innen gefragt sind, gelten genauso für den Umgang und die Zusammenarbeit mit Kolleg*innen. Somit können Interviewer*innen anhand Ihrer Antwort auch Rückschlüsse auf Ihre Teamfähigkeit ziehen.

Sie sollten Ihre Ausführungen mit konkreten Beispielen belegen, etwa, wie Sie mit einer schwierigen Kundenbeschwerde umgegangen sind oder wo Sie die Erwartungen eines Kunden weit übertroffen haben.

Mögliche Antworten

»My customer service philosophy is actually a result of the five years I've worked in this field. I believe customer service is very important and directly linked to a company's success. The ultimate goal must be to gain the trust of the customer. For me personally working directly with customers is something I really enjoy. Of course it's not always easy. Not long ago I had to deal with a very unhappy customer who contacted me because he was totally dissatisfied with the smart watch he ordered from our online store. In fact he was yelling into to the phone. Rather than let the complaint escalate, I calmly and patiently listened to the customer.
Just by listening to him I was able to diffuse the situation considerably. I made it clear to him that I understood and empathised with his concerns. I assessed the situation and repeated the main points to ensure that we were reading both from the same page. It became clear that he actually ordered the wrong model and that the next higher model would offer all the functions he wanted. So we agreed that he would return the smart watch and we would send out the better model

and he would pay for the price difference and we would cover the delivery costs. He was very happy with this solution and the phone call ended on a happy note.«

»I exceeded the client's expectations recently with regard to our small language communication training company. Our client from Switzerland was participating in a two-week advanced business English course. She had already completed a two-week training with another language trainer and was extremely dissatisfied with the service and teaching methods. Her main points were the lack of oral work and the totally confusing grammar explanations. I asked her to email me her points of complaint. On this basis I prepared a customised timetable and processes including private study and practice to focus on during the two-week business English course. I gifted her a practical grammar book plus exercises and gave her an impromptu grammar lesson to show the method. The following two weeks were stressless and successful and she felt totally integrated, relaxed and happy. The key was listening, reacting and showing her a practical solution.«

What changes have you made to your current job since you started?
Alternative Fragen mit dem gleichen Frageziel:

- *How have you changed the job you've been doing?*
- *What do you wish to improve about your current job?*

Jeder Job entwickelt sich im Laufe der Zeit weiter. Interviewer*innen möchten hier nicht wissen, was sich in Ihrem Job geändert hat, sondern sie wollen wissen, wie Sie ihn verändert haben. In anderen Worten, sie wollen etwas über Ihre Initiative, Ihren Enthusiasmus und Ihre Eigenverantwortung erfahren.

Mögliche Antworten

»When I joined a cement producer three years ago as a personal assistant to the Managing Director I was surprised by the relatively high level of chaos reigning there. It made work very difficult if not to say impossible. To make it practical I created a plan for two weeks It was a schedule of actions in a logical order so that tasks would be completed on time. I asked the boss if we could try to implement this for two or three weeks and then check back to see how we could improve things. We did this and fortunately it really improved our timing and the general atmosphere. After that the boss went on to introduce some items that were still missing. Actually this was a big change in the functioning of the work.«

»My current job is generally interesting, challenging and very motivating. However, when I took over the job from my predecessor there was one area which didn't run smoothly at all and I felt I had to do something about it. It was the matter of how meetings were managed. To put it in a nutshell they were not efficient

> and often important information was not communicated between the various departments. I introduced a set of rules or procedures governing how meetings should take place in future. All meeting participants had to receive written invitations and an agenda. Each meeting had a designated minute taker who had to submit the minutes of the meeting to all participants no later than one day after the meeting.«

What did you learn in your last job?

Alternative Fragen mit dem gleichen Frageziel:

- *What was the most valuable skill you gained in your previous roles?*
- *What was the most important learning experience you had in your previous job?*

Interviewer*innen interessiert hier, was Sie in Ihrem letzten Job gelernt haben und wie Sie davon in Ihrem zukünftigen Job profitieren können. Es geht hier nicht um eine Aufzählung Ihrer Aufgaben, Verantwortlichkeiten oder Erfolge, sondern darum, wie Sie sich in Ihrer letzten Position weiterentwickelt haben. Nennen Sie hier Beispiele, die einen direktem Bezug zu den Anforderungen der angestrebten Stelle haben.

> **Mögliche Antworten**
>
> »In my last job there were really great possibilities for learning new skills and gaining experience. I was working as an intern in the digital marketing department at an advertising company. Although I have a degree in media science I didn't have a lot of knowledge in the field of digital marketing back then. However, this changed very quickly as I was involved in several search engine optimisation projects for clients. I was taught many mobile marketing tricks and how to set up pay-per-click adverts by experienced colleagues. Most beneficial for me was that I gained a lot of new software skills. For example, I was trained in the use of a number of content management systems such as Magnolia, Bynder and Sanity. I believe all three systems are also used at your agency.«
>
> »My last job as a lab technician at a plastics manufacturer here in Germany was an excellent learning opportunity and I acquired many new skills. Whilst already having a sound background in performing routine laboratory functions and collecting and preparing samples I was given the opportunity to work together with scientists on developing a new formula for an eco-friendly plastic. I was trained in the use of state-of-the-art viscometers and other equipment required for the test. For the recording of data I learned how to use a scientific data management system. I'm pleased to say that the project was a success and the formula is now patent-protected. I'm sure that I will be able to transfer all these skills to the new role.«

How would you describe your personal work style?
Alternative Fragen mit dem gleichen Frageziel:
- *Which methods do you use to organise your work?*
- *How do you manage your work?*

Hier möchtenInterviewer*innen etwas über Ihren Arbeitsstil erfahren und wie Sie Ihren Arbeitsplatz organisieren. Schließlich müssen sie ja eine Kandidatin oder einen Kandidaten finden, deren bzw dessen Arbeitsweise zum Unternehmen bzw. zum Team passt. Leiern Sie hier nicht nur einfach Eigenschaften herunter, von denen Sie glauben, dass Ihr Gegenüber sie hören möchte, sondern belegen Sie diese auch mit konkreten Beispielen.

Um Eigenschaften in Bezug auf den persönlichen Arbeitsstil überzeugend beschreiben zu können, sind folgende Power-Adjektive hilfreich:
- *accurate*
- *clear*
- *committed*
- *consequent*
- *creative*
- *detailed*
- *diligent*
- *focused*
- *forward-looking*
- *keen*
- *methodical*
- *structured*
- *systematic*
- *target-oriented*
- *thorough*
- *timely*
- *vigorous*

Mögliche Antworten

»My personal work style includes using the time to clearly plan my work in a methodical way and at the same time concentrate on delivering it. I am creative when it comes to finding solutions and I work together with colleagues in a target-oriented way to ensure that we are each using our time most productively. As an example, we were working on a project when we had to deal with an unexpected problem. I immediately called for a quick spontaneous meeting. We had a brainstorming and came up with an out-of-the-box solution. Everyone knew what had to be done and we implemented the necessary steps to ensure the success of the project.«

»I like to work in a structured manner in cooperation with other team members. In this way I can ensure that everyone is working diligently with a clear goal in mind. As a project leader I always make sure that I give a detailed presentation of the project. I make sure that we all have a clear goal and are on the same page in our understanding. Then I'll assign all team members with their tasks and make absolutely sure that they are aware of the timeline. Questions, doubts or any problems are dealt with immediately. I consider it important to have the same interpretation of matters and the same direction going forward.«

If I told you that I don't think you're the candidate we're looking for, what would you say to convince me otherwise?

Alternative Fragen mit dem gleichen Frageziel:

- *What would you say if I told you that you're not the best candidate I've seen so far?*
- *Do you really think you've got what it takes to do this job?*

Diese Frage kann einerseits ein Indiz dafür sein, dass es Ihnen bislang nicht gelungen ist, Ihr Gegenüber zu überzeugen, andererseits möchte der*die Interviewer*in Sie mit dieser Frage evtl. aus der Reserve locken. Jetzt ist es an der Zeit, in die Offensive zu gehen und mit überzeugenden Argumenten zu punkten.

Diese Frage wird häufig gegen Ende des Vorstellungsgesprächs gestellt, wenn Sie also das Gefühl haben, dass Sie im Verlauf des Gesprächs nicht alle guten Gründe vorbringen konnten, die für Sie als Bewerber*in sprechen, dann haben Sie nun die Möglichkeit dazu.

Mögliche Antworten

»I wouldn't like to comment on other candidates for this position, but I can say that as I've worked in this sector for more than eight years, I've established a very fine network of contacts which would be very useful to have for this position, too. This has enabled me to create successful business relationships in many companies with the real decision-makers. As a result I have sales conversion rates that are second to none. My track record is firm proof of what I'd be able to achieve for your company if you decide to appoint me for this function. I'm ambitious, highly motivated and I enjoy a challenge.«

»Well, I certainly think I've got the credentials to master this job. You're looking for someone to develop your cement business in Eastern Europe. I believe I've demonstrated my profound knowledge of the cement market. But I'd also like to emphasise some credentials which other candidates might not possess at this level. I'm a near native speaker of Polish and English. This will allow me to overcome any communication issues between headquarters in Philadelphia and the new subsidiary in Poland. In addition I speak Russian and Czech which supports business endeavours in these countries. I believe this represents a valuable asset your company could benefit from.«

5.8.1 Beispieldialog

Interviewer*in: That was very interesting but now we should talk about your special competences. Let's come straight to the point! Why do you consider yourself to be the best candidate?

Bewerber*in: For many reasons, but the most important one is that I have eight successful years working in this field. Next, my area of expertise totally matches what would be required in this role. And I gained a wealth of experience working in six different departments.

Interviewer*in: And what specific skills could you bring to our company?

Bewerber*in: Well, apart from my deep technical know-how I'm proud of my IT skills which would be beneficial for this position, too. I've also had additional project leadership training, which is an important requirement for this job.

Interviewer*in: Looking over your history what's your most recent skill in your skill portfolio?

Bewerber*in: So I consider that clear communication is as important as any knowledge-based skill. For this reason I took extra training courses in technical copywriting.

Interviewer*in: It's always challenging starting a new job. How much on-the-training will you need at first, in your opinion?

Bewerber*in: Well, with my qualifications and work experience I believe all that is needed to become a productive employee is a short induction course to find out about your internal processes and methods.

Interviewer*in: It would interest me whether you introduced any changes to your work when you first joined your present company.

Bewerber*in: Yes, when I arrived I noticed there was no reporting system in place which meant there was no real control of the business. I felt that it was vital to introduce a standardised system of reporting to ensure a constant flow of information. This was a welcome move with the company management and this system was also introduced in other divisions of the company.

5.8.2 Formulierungshilfen: persönliche Stärken hervorheben

Wenn Sie im Vorstellungsgespräch zu Ihren Kompetenzen befragt werden, geht es auch darum, die eigenen Stärken hervorzuheben. Nachfolgend finden Sie eine Auswahl an Musterformulierungen, mit denen Sie Ihre Stärken ins rechte Licht rücken können, um sie dann anhand konkreter Beispiele zu untermauern.

- *My … is one of my greatest strengths.*
- *I truly believe my strong … is my biggest strength.*
- *I believe that my most valuable strengths are …*
- *There is no doubt in my mind that … is one of my strong points.*
- *I've always felt that I excel in …*
- *I'd say that my ability to … is one of my strongest suits.*
- *I'm able to act decisively when …*
- *I know I have the ability to …*
- *I strongly feel I have that …*
- *I'm certainly in a position to …*
- *I'm proficient in …*

!

Sprachtipp: Zeitformen des Vorstellungsgesprächs

Dieser Überblick zeigt Ihnen, welche Zeitformen in Vorstellungsgesprächen zum Einsatz kommen. In Kapitel 7 können Sie testen, ob Sie alles im Griff haben.

- **Present Simple:** Wenn Sie über Ihre täglichen Aufgaben sprechen.
  - *I **am** responsible for the accounts in my company.*
  - *I **work** for ABC GmbH.*

  Diese Zeitform kommt auch zum Einsatz, wenn Sie darüber sprechen, was Sie sich zutrauen.
  - *I **believe** I could …*
  - *I'**m** sure that I can …*
- **Present Continuous:** Wenn Sie über spezifische Aufgaben sprechen, die Sie derzeit ausführen.
  - *Currently I am designing a website for a large mechanical engineering company.*
  - *At the moment I am managing the implementation of a large-scale project.*
- **Past Simple:** Wenn Sie Fragen über Ihren Bildungshintergrund oder Ihren beruflichen Werdegang beantworten, dann sind diese Angaben im Simple Past zu machen. Denn Sie sprechen hier über abgeschlossene Aktivitäten, bei denen der Zeitpunkt der Handlung bekannt ist. Zum Beispiel:
  - *In 2018, I manag**ed** a team of …*
  - *During the first six months I increas**ed** sales by …*
  - *I studi**ed** media design between 2019 and 2021.*
- **Present Perfect:** Wenn Sie über Ihre Arbeitserfahrung bzw. Tätigkeiten in der Vergangenheit sprechen, ohne Angabe, wann genau Sie diese Tätigkeiten ausgeführt haben:
  - *I'**ve improved** my language skills.*
  - *I'**ve worked** in Brazil, China and India.*

- **Present Perfect Continuous:** Um Aufgaben und Funktionen zu beschreiben, die in der Vergangenheit begonnen haben und bis zur Gegenwart andauern. Der Fokus liegt hierbei auf der Handlung (dem Verb).
  - *I've been working for my current employer for over three years.*
  - *I've been heading the public relations department since the beginning of the year.*

5.9 Fragen zu Führungsqualitäten und Teamfähigkeit

Can you describe how you motivate and support team members?
Alternative Fragen mit dem gleichen Frageziel:
- *How do you successfully motivate a team member?*
- *What strategies would you use to motivate your team?*

Mit dieser verhaltensbasierten Frage möchten Interviewer*innen erfahren, wie Sie vorgehen, um Teammitglieder zu motivieren. Diese Frage wird häufig Führungskräften gestellt. Aber auch Kandidat*innen, die sich auf eine Stelle bewerben, bei der Teamarbeit extrem wichtig ist, müssen mit dieser Frage rechnen. Demonstrieren Sie hier, welche Strategien Sie einsetzen, um Mitglieder eines Teams zu motivieren. Sie können hier unter anderem folgende Faktoren nennen:
- *recognising the work of team members*
- *leading by example*
- *praising the performance of team members*
- *creating incentives*

Denken Sie daran, Ihre Antwort mit konkreten Beispielen zu belegen.

Mögliche Antworten

»In general terms I think that to be able to motivate a team you need to get to know them, to understand what makes them tick and to give them the recognition and praise they need. I'd make sure they feel good with the tasks they have been allocated. All these measures will create a positive environment in which they will be motivated to perform.«

»My strategy would include some of the following elements. I'd try to ensure that the team had a warm and pleasant place to work. I would have clear goals in place and make sure that everyone is on board. If I'm in a position to do so I'd offer them opportunities for further development in whatever way is necessary or possible. The same would apply to salary. They should be paid what they are worth and should be aware of that fact. I would also make sure that they feel supported at all times and never think they are alone with a problem.«

Give examples describing how and when you showed leadership.
Alternative Fragen mit dem gleichen Frageziel:

- *In your opinion what should leadership include?*
- *Can you give an example of your leadership skills?*

Traditionelle Führungsfähigkeiten wie Verantwortung, Selbstvertrauen, kommunikative Stärken und Aufbau von Beziehungen stehen bei Arbeitgebern hoch im Kurs. Daher sollten sich nicht nur Kandidat*innen, die sich auf eine Stelle mit Führungsverantwortung beworben haben, auf diese Frage vorbereiten.

Nennen Sie in Ihrer Antwort Situationen, bei denen Ihre Führungsqualitäten gefragt waren, wie zum Beispiel Aufgaben im Projektmanagement oder der Eventorganisation. Idealerweise führen Sie solche Beispiele auf, die sich auch auf die angestrebte Stelle übertragen lassen. Die Stellenausschreibung ist hier ein guter Hinweisgeber. Um Ihre Antwort zu strukturieren, orientieren Sie sich am besten an der STAR-Methode (siehe Kapitel 2.3).

Mögliche Antworten

»In my opinion leadership should be a melange of several key characteristics. For example, a leader at any level has to be a good communicator and display a clear vision of what the goals are. In my present position as a logistics coordinator the work does usually not involve any leadership tasks. However, there was a situation in my department where I took on a leading role. Our company management wanted to implement a completely new database system in our department. Unfortunately, the new system was rather complicated and was somewhat forced upon us. So the outcry was enormous and everyone seemed to be against it. Our line manager was not able to make it clear to them that the new features of the system would make our work much easier and more efficient. I felt I had to take the initiative here. I discussed with my colleagues and was able to convince them of the advantages the new system would bring. Not only did I manage to bring them round to my way of thinking, but I also convinced them to get involved in the whole process. So we all provided lots of valuable ideas and feedback and the new system was up and running in no time at all.«

»I was the regional Head of Sales of a bank in Frankfurt responsible for investment for high net worth individuals in the German market. One day I was called into one of our meeting rooms to find a member of my team in a debate with one of his clients. The consultant remained peaceful whereas the client was clearly unhappy with the results of his investments. It was a tricky situation. Basically I invited the client to describe his investments. We listened carefully to what the client had to say. After that I asked the financial advisor to give a short recap of what was happening on the financial markets right now and suggest some alternative investment options. The meeting ended on a good note, the client was happy with the suggestions he received and our employee felt himself to be supported by me.«

What qualities should the ideal manager have?
Alternative Fragen mit dem gleichen Frageziel:

- *What attributes do you feel a good manager should have?*
- *What is the best way to manage you as an employee?*

Bewerben Sie sich als Führungskraft oder Nachwuchsführungskraft, möchten Interviewer*innen mit dieser Frage herauszufinden, was in Ihren Augen gute Manager*innen ausmacht. Bewerben Sie sich auf eine Stelle ohne Personalverantwortung, dient sie dazu auszuloten, welche Einstellung Sie gegenüber Vorgesetzten haben.

Mit einer Antwort wie »*For me a good manager lets me get on with my job and never interferes in my work*« werden Sie sicherlich niemanden beeindrucken.

Nutzen Sie folgende Führungsqualitäten als Ideengeber für Ihre Antwort:

- *readiness to delegate*
- *fairness when evaluating employees*
- *able to analyse*
- *trustworthy*
- *organisational talent*
- *competent leader*
- *supportive*
- *good motivator*
- *honesty*
- *good communicator and listener*
- *decisiveness*
- *empathy*
- *able to see the big picture*
- *positivity*

Mögliche Antworten

»For me the key to success of good managers is that they genuinely appreciate, support, encourage their employees and acknowledge employees' strengths. They must have strong decision-making abilities and never be afraid of having to take unpleasant decisions. And last but not least a good manager must also be a good communicator.«

> »As a manager I want to have a positive and trustworthy relationship to my team while never losing track of the goal. I want to be the captain of the ship steering it in the right direction. I feel it's necessary to act assertively when action must be taken decisively. In addition to this I want to be a genuine motivator giving support to the ideas and work of the team. Constructive criticism and a feeling of empathy are equally important in creating a positive working climate.«

What would you say is your leadership style?
Alternative Fragen mit dem gleichen Frageziel:
- *Have you got a favourable leadership style?*
- *How would you define your leadership style?*

Diese Frage stellen Ihnen Interviewer*innen nicht nur, weil sie wissen möchten, welchen Führungsstil Sie bevorzugen, sondern sie erfahren außerdem auch etwas über Ihre Persönlichkeit. Sind Sie eher der autoritäre oder eher der kumpelhafte Typ? Ihre Antwort zeigt auch, ob Ihr Führungsstil zur Unternehmenskultur passt.

> ### Mögliche Antworten
>
> »For me leadership style is the method used for giving directions, implementing plans and motivating people so that they can achieve targets moving forward. I see myself as an open-minded and approachable leader who is leading by example. I enjoy delegating tasks and discussing with employees before making decisions. My approach is to support my team, motivate them and achieve results together.«
>
> »I'm a team leader in the production division of a large car manufacturer. Our team is made up of eight mechanics and we are most certainly a small but important cog in the big wheel of the production line. We have to work under immense time pressure due to the way the production line is set up. It is absolutely vital that we work efficiently and there is no room for error or time to enter into long discussions. Decisions need to be taken instantly. I have found that for this work the top-down approach works best. I guess my team sees me as a pacesetter. I expect 100 % effort from my team and support them to the maximum. I have the trust of my team and they fully accept my decisions.«

How do you persuade people to accept your point of view?
Alternative Fragen mit dem gleichen Frageziel:
- *How do you get others to do what you want?*
- *What do you do to influence others?*

Mit dieser verhaltensbasierten Frage möchte Interviewer*innen etwas über Ihre Überzeugungskräfte erfahren und wie und wo Sie diese einsetzen. Idealerweise nennen Sie hier Beispiele, bei denen Sie Entscheidungen von Kolleg*innen oder Vorgesetzten beeinflusst haben, die sich im Nachhinein als richtig erwiesen haben. Machen Sie dabei deutlich, dass Sie stets offen gegenüber den Ansichten anderer sind.

Mögliche Antworten

»As a department leader my approach to influencing others is certainly not by bullying them into liking my suggestions. I am naturally a coaching type so I prefer to support or foster rather than trying to force them. I remember a time when the roll-out of a new accounting software in my team did not go according to plan. On the day we wanted to go live with the system everything failed and nothing was working anymore. It took the software company more than two weeks to get everything up and running. After the two weeks the backlog of work was tremendous. In order to get on top of things I wanted my team to work extra hours over the following two weekends. This did not go down well at all. So I called everyone together and listened to their concerns. I explained that this was the only way to get on top of things again and it would cause many more problems and extra work if we didn't act immediately. They saw my point and accepted my plan. So over the next two weekends we all came to the office to work.«

»It is sometimes necessary to influence other people in your work environment to get their help or some sort of information. I was working on a temporary basis for a company at the same time as preparing my master's dissertation. I needed some data for a chapter in my book but when I asked for permission to use some material my boss refused with the excuse that I was not a full member of the company. I explained what my dissertation was about and that it would bring new ideas into the medical equipment sector and that it could also be positive publicity for the company. To cut a long story short she changed her mind and even helped me to collect the material.«

How do you manage a difficult employee?
Alternative Fragen mit dem gleichen Frageziel:

- *How do you handle a difficult employee at work?*
- *Give me an example of a time you had to respond to an unhappy employee.*

Wenn Sie sich auf eine Stelle mit Personalverantwortung bewerben, ist die Wahrscheinlichkeit hoch, dass Ihnen diese Frage gestellt wird. Ihre Antwort auf diese Frage muss deutlich machen, dass Sie in der Lage sind, unterschiedliche Charaktere und schwierige Mitarbeiter*innen zu führen. Zudem erfährt Ihr Gegenüber auch, was für Sie problematische Mitarbeiter*innen bzw. ein schwieriges Verhalten am Arbeitsplatz bedeutet. Machen Sie in Ihrer Antwort deutlich, dass Sie über die erforderliche Toleranz verfügen, zuhören können und Einfühlungsvermögen besitzen, um erfolgreich mit allen Mitgliedern Ihres Teams zusammenzuarbeiten. Belegen Sie Ihre Ausführungen mit konkreten Beispielen.

Mögliche Antworten

»I'd handle a difficult employee at work in general following a well-accepted structure of actions for defusing potentially dangerous situations before they become toxic for the team and even for the company. At my present job I had to handle a difficult member of staff who was always having rows with colleagues. I called him in my office to have a one-to-one discussion. I asked him to give me his side of the story. I didn't interrupt him and listened to him intensively. When he had finished I gave him my targeted feedback in a sensitive way with no accusation. I explained carefully that there may be consequences if this behaviour did not change. We agreed on a strategy which I documented and mailed to him. I'm pleased to say that the atmosphere in the office did improve after this, the friction in the team disappeared and all issues were solved.«

»Unfortunately, my current employer was affected by the coronavirus pandemic. It was necessary to introduce vigilant cost-saving measures. This also meant a reduction in salary which affected all employees in the company including myself. Other benefits were eliminated entirely. My task was to tell the employees that we had to cut salaries by 25 percent. In general they all took it very well, but there was one particular employee who was very unhappy with the situation. She started complaining to her colleagues and I could feel that her negative ways were starting to affect moral. So I had a private meeting with her and asked for an open discussion. She put forward her points and it was my turn to listen. Then I gave her the reasons why this step was necessary and that the company was in an extremely difficult situation. I explained that the effects of the pandemic were hitting all of us and that we had to find a way to get through this. I told her that these were temporary measures and as soon as the situation would improve we would all go back to our old salaries. She saw my point and promised to stop the negative talk in front of the colleagues.«

In your opinion what are the main reasons why teams fail?

Alternative Fragen mit dem gleichen Frageziel:

- *What must teams have to succeed?*
- *What's the advantage of doing teamwork?*

Um ein Team erfolgreich führen zu können, sollte man auch wissen, woran gute Teamarbeit scheitern kann. Genau darum geht es bei dieser Frage. Zeigen Sie mit Ihrer Antwort, dass Sie über das erforderliche Problembewusstsein verfügen. Zu den Faktoren, warum Teams scheitern, gehören:

- *time pressure*
- *poor decision-making*
- *lack of trust within the team*
- *lack of cooperation*
- *power struggles*
- *unresolved conflicts*
- *unclear roles within the team*

Mögliche Antworten

»If a team really wants to succeed in its objective several criteria must be met. For example, the goal of the teamwork must be clearly communicated to all members. The members of the teams must build a united front. Any conflicts must be addressed openly and not be swept under the carpet and forgotten. There must be no power struggles within the team as this will impair performance. Any power struggles within the team will lead to conflict. If these conditions aren't met teams will fail sooner or later.«

»I'm of the opinion that working in a team with a focused goal is far more productive than working on your own as an individual. In a team productivity can be 20 to 25 % higher than working independently. In a team you must communicate with other members to solve problems and this working together creates synergies which help us learn from each other even more. By its nature teamworking increases innovation through the medium of brainstorming, a natural consequence of teamwork. Other advantages are that members stay focused on the goal, bond with one another which in turn fosters trust.«

Do you prefer to work on your own or as part of a team?
Alternative Fragen mit dem gleichen Frageziel:

- *Are you an individual player or do you have team spirit?*
- *Which is better teamwork or independent work?*

In den meisten Fällen dient diese Frage dazu, etwas über Ihre Einstellung zur Arbeit mit Kolleg*innen zu erfahren. Für Arbeitgeber ist die Teamfähigkeit von Bewerber*innen eine wichtige Voraussetzung. Ihr Ziel muss es somit sein, den*die Interviewer*in davon zu überzeugen, dass Sie in der Tat ein Teamplayer sind.

Mögliche Antworten

»I believe that there are many benefits to practising teamwork, which all together result in more speed and better productivity. While doing a teamwork project members can develop communication skills and by communicating enhance interpersonal synergies which will be of benefit to the project. Working as a team focuses members on the final goals which then may eliminate some time-wasting. Of course, company work is not all project and teamwork. I'm also very happy to work independently when necessary. I'm quite able to work without waiting to be told what to do.«

»In fact it isn't a question of which is preferred inside a company. It can often be that a task or even a project has to be performed by an individual for any given reasons – maybe lack of workforce or resources or because it is a priority. So independent work is part or the company or business landscape, too. However, I believe teamwork is very essential for a company's success because it enables the sharing of ideas and responsibilities. Teamwork also fosters creativity and builds trust. I enjoy working closely together with colleagues in a team and I find it rewarding when we are solving problems together. I think my positive attitude, flexibility and ability to compromise make me a good team player.«

What do you do when you disagree with your line manager?
Alternative Fragen mit dem gleichen Frageziel:
- *What would you do if you disagreed with a decision taken by your boss?*
- *Tell me about a time when you disagreed with your manager.*

Vordergründig mögen Sie denken, dass es Interviewer*innen hier darum geht, ob Sie sich unterordnen können. Dem ist aber nicht so. Es ist nicht förderlich für ein Unternehmen, wenn seine Mitarbeiter*innen Entscheidungen von Vorgesetzten niemals hinterfragen oder niemals ihre Meinung kundtun. Eigentlich möchte Ihr Gegenüber vielmehr erfahren, wie Sie sich verhalten, wenn Sie mit Ihrem Vorgesetzten nicht einer Meinung sind.

Mögliche Antworten

»For sure it has happened in the past that I disagreed with a decision made by my boss. But I have found that offering my input on the matter was mostly appreciated and valued. It's all about how you do it. I think it is absolutely inappropriate to express my disagreement in front of others. So I would always try to voice my concerns over a decision in a private conversation with my manager. In this way she is able to justify her train of thoughts which lead to the decision. Once we've discussed the matter we might still not share the same opinion, but I would always respect the decision. And whether I agree with it or not I will support her to the best of my ability.«

»I remember a situation at my last employer where I thought my manager was wrong. It was about the launch of a new product. I felt that his strategy was failing our target group of young teenagers and would cost the company a lot of money for little return. In my opinion it would have been much better to use social media and hire influencers on the internet to promote our new product. I worked out my own strategy and emailed my proposal to my boss. I asked for a meeting and I presented him my concept in more detail. He was impressed with my idea and thanked me for my commitment. The campaign was a great success and we were able to exceed our sales target in the first six month by 15 %.«

5.9.1 Beispieldialog

Interviewer*in:	Well, we'd like to find out a bit about leadership, motivation and team spirit. Could you describe to me what you'd do to motivate a team member who has lost interest?
Bewerber*in:	Yes, I'd certainly take the member aside and ask them to come to me for an informal chat about how things are going on. I'd check that they are happy with their environment and how we could improve the situation. I might ask if there was anything worrying them at all and if I could help in any way. It's important to really listen to a person if they begin to open up to you.
Interviewer*in:	So what should leadership involve with regard to your team?
Bewerber*in:	I think leaders must communicate their ideas very clearly so that later misunderstandings are avoided. They need to be consistent in not changing their mind all the time and doing U-turns. That creates distrust.
Interviewer*in:	Well, what would you say about your own leadership style?
Bewerber*in:	I suppose I'm a bit authoritarian as I give directions and impulses, but I also tend to be a coaching type. I like to make sure that the team are all reading from the same page so that we avoid conflict at a later stage.
Interviewer*in:	Maybe there is a difficult employee in the team. What would your approach be?
Bewerber*in:	I have a strategy for cases like this. First I would listen carefully to what the person's saying. Then I would give him my targeted feedback making sure it wouldn't sound like an accusation. I would let the employee know there may be consequences if this behaviour did not change. I'd offer my support.
Interviewer*in:	Would you consider yourself an individualist or a team player?

Bewerber*in: Actually I'm both. A company needs both these skills. Sometimes the work demands team participation and I'm very motivated to work like that. Other times the task is smaller and more specific and requires specialist work from an individual. I'm very happy to work independently, too.

5.9.2 Formulierungshilfen: starke Aktionsverben

Aktionsverben sind ausdrucksstarke, aktive Verben, mit denen Sie sich und Ihre Kompetenzen effektiv auf Englisch präsentieren können. Genauso wie im Lebenslauf sorgen sie im Vorstellungsgespräch für mehr Dynamik in Ihren Ausführungen.

English	Musterformulierungen
accelerate	*Accelerated the lead time to new contracts.*
accomplish	*Accomplished a complete changeover of system.*
achieve	*Achieved a 40 % increase in sales.*
act	*Acted as deputy manager for three months.*
address	*Addressed and solved technical problems during the roll-out of a new pay scale system.*
advance	*Advanced an idea for eliminating the middleman.*
advise	*Advised the CEO on how to reduce costs.*
advocate	*Advocated savings of 2 % every month.*
appraise	*Appraised the situation carefully before acting.*
augment	*Augmented the training strategy for HR.*
boost	*Boosted the divisional profit by 15 %.*
clarify	*Clarified customer complaints within the given deadlines of three working days.*
collaborate	*Collaborated with major international stakeholders to attract more funding.*
conduct	*Conducted an in-depth marketing survey.*
contribute	*Contributed to the overall success of the enterprise.*
convince	*Convinced the management to implement a new reward system for employees.*
create	*Created a positive environment for the project.*
cultivate	*Cultivated a positive feeling towards the idea.*

English	Musterformulierungen
define	*Defined the problem in a clear way.*
deliver	*Delivered the worldwide roll-out of a new computer system on time and within budget.*
demonstrate	*Demonstrated a knowledge of management processes.*
develop	*Developed a strategy for digital engagement with customers.*
direct	*Directed a team of 25 programmers.*
diversify	*Diversified the product range to cover the market more effectively.*
enable	*Enabled the team to make better decisions.*
encourage	*Encouraged junior staff to take on responsibility.*
engineer	*Engineered a new electrical motor.*
enhance	*Enhanced the communication between management and workforce.*
establish	*Established a new marketing strategy leading to a rise in sales of 5 %.*
exceed	*Exceeded the target by more than 25 %*
excel	*Excelled in organising an international convention with over 2,000 visitors.*
execute	*Executed the business plan in time and on budget.*
expand	*Expanded the market share within the first year of joining the company.*
facilitate	*Facilitated the monthly management meetings.*
forge	*Forged a lasting relationship with important key accounts.*
fulfil	*Fulfilled all targets and tasks in a high-pressure environment.*
generate	*Generated the agreed turnover for 2020.*
guide	*Guided the new recruits through the induction weeks.*
handle	*Handled a budget of £500,000 with no problems.*
head	*Headed a team of placement students on a trade fair project.*
implement	*Implemented a plan for reducing 10 % of staff.*
improve	*Improved the system of foreign language learning for HR.*
increase	*Increased the number of books in the library by 20 %.*
influence	*Influenced the management's decision through a brilliant presentation.*
initiate	*Initiated a new purchasing schedule.*

English	Musterformulierungen
innovate	*Innovated a new technique for cleaning metal.*
inspire	*Inspired the marketing team to create a new modern logo.*
instruct	*Instructed the new trainees on improved customer service.*
introduce	*Introduced a new health & safety policy for the company.*
launch	*Launched a successful marketing campaign for the roll-out of a new product.*
lead	*Led a young team of researchers.*
liaise	*Liaised with members of the customer complaints group.*
manage	*Managed a successful team of professional recruiters.*
master	*Mastered challenges through creativity and dedication.*
maximise	*Maximised profits by optimising the cost structure.*
mentor	*Mentored placement students from various universities.*
mobilise	*Mobilised the support of our suppliers.*
motivate	*Motivated sales staff to improve the figures.*
outperform	*Outperformed more experienced developers as a junior developer.*
outpace	*Outpaced all competitors.*
persuade	*Persuaded the company to consider changing direction.*
pilot	*Piloted an advertising project resulting in a successful product launch.*
pinpoint	*Pinpointed a significant growth opportunity.*
pioneer	*Pioneered a ground-breaking international exchange programme.*
prioritise	*Prioritised the steps in the schedule.*
promote	*Promoted a proven roadmap to growing the business.*
provide	*Provided key input in helping the company achieve its objectives.*
recognise	*Recognised new ways to drive value.*
refine	*Refined the go-to-market strategy development process down to three stages.*
remodel	*Remodelled the »ideal candidate« image for the company.*
restructure	*Restructured workflows to reduce the overall data footprint.*
revitalise	*Revitalised the company's brand and website design leading to sales rises of more than 5 % within the first six months of the launch.*
shape	*Shaped the thinking of the team for the future.*

English	Musterformulierungen
stabilize	*Stabilized the sales of car accessories.*
streamline	*Streamlined the complaints procedure.*
strengthen	*Strengthened the self-belief in the marketing team.*
tailor	*Tailored the courses to the needs of the customers.*
target	*Targeted new markets with modern advertising.*
transform	*Transformed the risk management system employed in the company.*

5.10 Fragen rund ums Entgelt und den Vertrag

What are your salary expectations?

Alternative Fragen mit dem gleichen Frageziel:

- *What salary package are you expecting for this role?*
- *What would you consider to be an appropriate rate of remuneration for this job?*

Eine direkte Frage, um herauszufinden, ob sich Ihre Gehaltsforderungen mit den Vorstellungen des Unternehmens vereinbaren lassen. Hierfür müssen Sie Ihren Marktwert kennen. In Deutschland sollte dies kein Problem darstellen, aber für Bewerbungen im Ausland sollten Sie vorab recherchieren, welche Gehälter üblicherweise im Bewerbungsland gezahlt werden. Damit vermeiden Sie, dass Sie sich mit überzogenen Forderungen direkt aus dem Rennen manövrieren oder aber Gefahr laufen, sich zu billig zu verkaufen. Mit einer souveränen Antwort können Sie hier punkten. Auf keinen Fall sollten Sie die Frage mit einer Gegenfrage wie »*How much do you normally pay someone with my experience and qualification?*« beantworten.

Mögliche Antworten

»The opportunities I'm currently pursuing generally involve salary packages of €55,000 and I am comfortable with this range, though I would like to mention that financial considerations are not necessarily the deciding factor in my choice of job.«

»When I made the decision to live and work in Melbourne I naturally did some research to find out what the cost of living and earning potentials for someone with my educational background and work experience would be over there. I've also looked into the industry I want to work in. All these criteria have brought me to the conclusion that an annual salary of around $75,000 would be a fair figure.«

Your salary expectations are very high. What makes you think you are worth it?
Alternative Fragen mit dem gleichen Frageziel:

- *You seem to be expecting quite a high salary. Can you justify it?*
- *What do you feel makes you worth your salary expectation?*

Empfindet das Gegenüber Ihre Gehaltsforderungen als zu hoch, werden Sie zwangsläufig mit dieser Frage konfrontiert. Bereiten Sie sich auf diese Frage vor und tragen Sie die Gründe vor, warum Sie jeden Cent wert sind.

Mögliche Antworten

»I think I'm bringing excellent credentials to this position. My professional Bachelor's and Master's Degrees are exactly targeted to the work and I benefit from a great work experience gained in the field of research and development in the automobile industry. I feel that my salary expectations are fair also considering my specialist knowledge of autonomous emergency braking systems and the patents I hold in this technology.«

»I feel that my salary expectations are at a fair level for several important reasons. Firstly, I have extensive experience with organising and running digital exhibition events. So I'll be bringing and contributing a lot of specialist know-how to the role. I have looked into salary levels that are typically paid in this sector in company and I feel my salary expectations are fair. However, I would be open to a lower salary in the first six months of employment.«

Why are you willing to accept a lower salary than in your previous job?
Alternative Fragen mit dem gleichen Frageziel:

- *What reasons persuaded you to make do with less income than in your previous position?*
- *We are not able to pay you the same salary as in your previous job. Why would you accept this?*

Wenn Sie bereit sind, Einkommenseinbußen hinzunehmen, werden Interviewer*innen die Befürchtung hegen, dass Sie sich aus einer Notlage heraus bewerben. Widerlegen Sie diese Befürchtung, indem Sie Ihre Gründe überzeugend aufführen. Wenn Sie sich im Ausland bewerben, können Sie unter anderem folgende Faktoren nennen:

- *personal development*
- *improve your language skills*
- *expanding your network*
- *gaining international experience*
- *deepening professional experience and know-how*

Mögliche Antworten

»In my previous company in Germany I was lucky enough to enjoy a very positive development of my salary which was added to by royalties from several patents. But now it's time to move on and I will not allow salary level to prevent me experiencing new markets and countries and above all it shouldn't stop me from gaining more knowledge and participating in dynamic challenges further along my career path.«

»The reasons behind my willingness to take a drop in salary are a side-effect of my overall strategy. I started my professional career at a British bank in Frankfurt. I've been working here for three years now and rotated around several departments. I enjoyed some success in this bank and the improved salary that went with it. My priority now is to move to London and work for a financial investment firm to gain some international experience and get an understanding of the financial market in Great Britain. For this reason I'm prepared to except a lower salary.«

When would you be available to start?
Alternative Fragen mit dem gleichen Frageziel:

- *What notice period does your current contract stipulate?*
- *What's your availability?*

Diese Frage bedeutet leider nicht, dass die Entscheidung bereits auf Sie gefallen ist. Interviewer*innen wollen hier lediglich wissen, ob sich Ihr frühestmöglicher Eintrittstermin mit den terminlichen Anforderungen des Unternehmens vereinbaren lässt.

Mögliche Antworten

»My contract with my current employer includes a period of notice of six weeks. Should you offer me the job within the next days I could begin on September 1st the earliest.«

»My current contract stipulates a notice period of four weeks but I have ten days' leave available to me which effectively reduces my notice period to just two weeks. On receipt of a firm job offer I would intend to resign immediately from my current position and conceivably start my new role just two weeks later.«

Would you be willing to work overtime/evenings/weekends?
Alternative Fragen mit dem gleichen Frageziel:

- *What's your stance on working extra hours?*
- *How do you feel about the amount of overtime this role demands?*

Mit dieser Frage möchten Interviewer*innen etwas über Ihre generelle Einstellung zu Überstunden, Wochenend- und Feiertagsarbeit erfahren. Bei einer Bewerbung im Ausland sollten Sie im Vorfeld recherchieren, welche Arbeitszeiten im Zielland üblich sind, und in Ihrer Antwort berücksichtigen. Auf alle Fälle sollten Sie sich und Ihrem/Ihrer Gesprächspartner*in gegenüber ehrlich sein.

Mögliche Antworten

»I consider myself to be quite flexible and when the company requires longer hours from me I'd be very willing to do it. However, I'd hope that it would be more of an exception rather than the norm. As I think it's important to strike a good work-life balance not only for health reasons but also because it will improve productivity and performance at work.«

»Personally working extra hours during the week or on weekends is not a problem for me if it is necessary to deal with special workloads. I'd rather work longer than under constant time pressure which would inevitably lead to errors and possibly more work. I would feel a bit uneasy though if overtime is part of the standard operating procedure.«

5.10.1 Beispieldialog

Interviewer*in:	If you were to join our company what would you consider to be a fair salary?
Bewerber*in:	Well, given my education and experience in the field I would be happy with a salary of € 55,000 per annum.
Interviewer*in:	I see. This is rather a high figure. Can you justify it?
Bewerber*in:	I think your company would benefit from my sound background in this field: I have a proven track record in digital marketing and I'm someone who will go the extra mile to ensure the company's success.
Interviewer*in:	I'm sure that's true. But as you know, conditions in the market are very competitive and margins are low. So, would you be willing to accept a slightly lower salary range?
Bewerber*in:	I'm open to discuss options here. I would be willing to accept a slightly lower starting salary which would be gradually raised to normal rates paid in the industry.
Interviewer*in:	Well, I'm happy to hear that you're flexible. I think this sounds like a workable solution. This raises the question what period of notice your present employment contract states. What are the conditions?
Bewerber*in:	Well, I have to give my employer six weeks' notice in writing. I'm still entitled to some holiday so the earliest date I could start a new job would be the first of October.

5.10.2 Formulierungshilfen: gekonnt verhandeln

Nachfolgend finden Sie ein paar nützliche Formulierungen, um bei Fragen rund ums Entgelt und den Vertrag geschickt zu argumentieren.

- *Based on my research my salary should be in the range …*
- *According to the market, people with my qualification and know-how earn about …*
- *Similarly situated employees are paid annual salaries in excess of …*
- *I would be more comfortable if you were to offer me a salary in the region of …*
- *If you were to offer me a salary in the range of … I'm certainly on board.*
- *I'm willing to consider …*
- *I would be happy to accept a starting salary in the region of …*
- *Based on my understanding of the market, the compensation for a role like this is anywhere between …*

5.11 Unzulässige Fragen

Do you intend to start a family in the near future?
Alternative Fragen mit dem gleichen Frageziel:

- *What are your plans regarding starting a family?*
- *When do you plan to start a family?*

Die Rekrutierung und Einarbeitung neuer Mitarbeiter*innen ist mit viel Aufwand und Kosten verbunden. Verständlicherweise möchte daher kein Arbeitgeber für eine gerade besetzte Stelle bereits nach kurzer Zeit wieder eine*n neue*n Mitarbeiter*in suchen müssen. Trotzdem ist die Frage nach einer möglichen Familiengründung weder in Deutschland noch im Ausland zulässig. Genauso wenig ist die Frage, ob Sie verheiratet sind oder bereits Kinder haben, zulässig. Wenn Sie diese Frage beantworten, gehen Sie besser diplomatisch vor.

> **Mögliche Antworten**
>
> »To be honest over the last four years I spent a lot of time and energy to get the right qualifications and training to be ready for the professional world. I intend to reap the fruit of my efforts first and find a job in my field.«
>
> »Well, in any case I'm sure I'd have no problem to manage work and family together, but I'm at a stage in my life where all my focus is on building up my professional life.«

Are you a member of a political party?
Alternative Fragen mit dem gleichen Frageziel:

- *Are you actively involved in politics?*
- *Which political party to you support?*

Fragen nach Ihrer Religion, sexuellen Orientierung oder politischen Gesinnung haben in einem Vorstellungsgespräch nichts zu suchen. Auch wenn Sie eine solche Frage vielleicht verärgert, ist es doch ratsam, diplomatisch zu antworten. Hier sind zwei mögliche Reaktionen auf diese Frage:

> **Mögliche Antworten**
>
> »I am interested in politics and sometimes happy to get actively involved if I feel it is a sensible and important enough matter. I believe this does not create conflict as it can establish the framework conditions for the economic success of industry and the individual company.«
>
> »I think that every adult member of society ought to keep informed about politics. It's necessary to know what parties stand for, to understand what their contribution to society is and what they would cause to happen if they were in power. We should support our democracy by keeping informed, having an opinion and using our vote.«

How's your health?
Alternative Fragen mit dem gleichen Frageziel:
- *What is the state of your health?*
- *How have you been keeping physically and mentally?*

Erkundigen sich Interviewer*innen im Vorstellungsgespräch nach Ihrem Gesundheitszustand bzw. nach bestehenden Krankheiten, greifen sie damit in Ihre geschützte Privatsphäre ein. Zum Schutz des Persönlichkeitsrechts sind solche Fragen nur zulässig, wenn diese Informationen im engen Zusammenhang mit der Ausführung der Tätigkeit stehen. D. h. Interviewer*innen dürfen sich beispielsweise nur nach körperlichen Beeinträchtigungen erkundigen, wenn diese die Ausführung der Tätigkeit verhindern bzw. einschränken würden. Solche Fragen sind wahrheitsgemäß zu beantworten, während Fragen, die nur darauf abzielen, ob häufige Krankmeldungen bei Bewerber*innen zu erwarten sind, nicht beantwortet werden müssen. Sie können hier auch locker mit folgender Gegenfrage antworten: *»Can you help me understand how this question is relevant to the job I'm applying for?«*

> **Mögliche Antworten**
>
> »Well, I do enjoy good health and there is nothing which would prevent me from doing a good job at your company.«

> »As stated in my CV, I was involved in a motorbike accident in 2018. Unfortunately, I broke my leg and suffered serious internal injuries. I was in a hospital for over six months and was not able to go to work for almost twelve months. I'm happy to say that I'm fully recovered and have been back at work. I'm sure you're happy to hear that I no longer have a motorbike.«

5.11.1 Beispieldialog

Interviewer*in:	Is there anything you'd like to mention regarding your health which would affect your work with us?
Bewerber*in:	I'm not quite sure what you mean here. Can you explain to me how this question is relevant for the job I'm applying for?
Interviewer*in:	Sure! You will be working in a challenging environment where a strong constitution is absolutely essential.
Bewerber*in:	Mmh, I see. Well, in this case I'm happy to confirm that I enjoy really good health and have a strong mind and body.
Interviewer*in:	Glad to hear it. And you're not pregnant by any chance, are you?
Bewerber*in:	In fact I've spent a lot of time and effort collecting my qualifications, experience and various work skills and I feel I need to exploit these advantages now and further my career. So the answer is no.

5.11.2 Formulierungshilfen: Fragen taktvoll ausweichen

Manchmal ist es besser, der Beantwortung einer Frage diplomatisch auszuweichen oder eine Antwort sogar abzulehnen. Folgende Phrasen helfen Ihnen dabei:

- *I understand where you are coming from, but …*
- *Let me put it this way …*
- *I prefer not to answer this question, because …*
- *I feel this question is not suitable …*
- *I don't feel comfortable answering your question.*
- *I'm not quite sure why you're asking this question.*

5.12 Fragen zum Abschluss und eigene Fragen stellen

If necessary, would you also be willing to do another job?

Alternative Fragen mit dem gleichen Frageziel:

- *If there is a need, would you consider taking up a different job in the company?*
- *In an emergency could you stand in for a colleague even on a permanent basis?*

Diese Frage wird häufig am Ende von Vorstellungsgesprächen gestellt. Bei der Beantwortung ist Vorsicht geboten. Mit einem euphorischen *»Of course!«* könnten Sie den Eindruck erwecken, dass es Ihnen gar nicht gezielt um die Stelle geht, auf die Sie sich beworben haben, sondern, dass Sie eher die Taktik verfolgen, Hauptsache ein Job, egal welcher.

Mögliche Antworten

»Actually I applied for a specific position with special tasks which are all very exciting for me and I'm sure I would manage them very successfully. In addition the job description matches my qualifications and experience extremely well. And this interview today has done much to reinforce that feeling. On the other hand I consider myself to be a flexible and adaptable individual and as the saying has it ›never say never!‹.«

»Well, I would be willing to stand in for somebody on a temporary basis, that goes without saying. However, I did apply for a position based on a specific job description that suited me exactly. So before committing to a longer term I'd need to know the job. Of course I'm open to discussion.«

Have you applied somewhere else?
Alternative Fragen mit dem gleichen Frageziel:

- *What other jobs have you applied for?*
- *Have you received any job offers yet?*

Eine legitime Frage, mit der Interviewer*innen zum einen herausfinden möchten, ob Sie sich nur auf diese Stelle beworben haben oder ob Sie mehrere Eisen im Feuer haben. Geben Sie hier nicht zu viele Informationen preis. Nennen Sie auf keinen Fall die Namen anderer Unternehmen, bei denen Sie sich beworben haben. Machen Sie mit Ihrer Antwort deutlich, dass es sich bei der ausgeschriebenen Stelle um Ihre bevorzugte Wunschposition handelt.

Mögliche Antworten

»It was clearly of great importance to me to find the right job at this point in my career and for this reason I've undertaken a serious and selective job search on the market. Until now I've identified three potential job offers which fit my criteria. However, your company remains my preferred choice because the role suits me down to the ground and I feel it would be a great opportunity to work for a progressive organisation like yours.«

»Actually I haven't. The reason being that it is exactly the job and the prospects of it that interest me and I believe it fits my personal profile perfectly. I wasn't actively looking for a new job, but I met one of your employees in the accounts department while on a one-week training course in the field of IFRS accounting. He informed me that his department was just looking for someone with my experience. I checked the job description and indeed did some research on your company and decided that this was the right job at the right time in my career and I should go for it. So I'm more than pleased to have had the chance of this interview.«

Give me the main reasons why we should give you this job.
Alternative Fragen mit dem gleichen Frageziel:

- *Why exactly should we employ you?*
- *Why should we hire you?*

Eine beliebte Frage, die sowohl Bewerber*innen in Deutschland als auch im Ausland oft gestellt wird.

Interviewer*innen möchten hier von Ihnen hören, was Sie auszeichnet und warum Sie die Idealbesetzung für die Stelle sind. Eine allgemeine und abgedroschene Antwort, wie »*I'm smart, qualified and I want this job*«, reicht hier nicht aus. Sie müssen sich vielmehr von den anderen Kandidat*innen abheben, ohne dabei übertrieben zu prahlen oder arrogant zu erscheinen. Nennen Sie hier drei oder vier gute Gründe, warum Sie die Idealbesetzung für die Stelle sind. Nutzen Sie die Stellenbeschreibung als Anhaltspunkt für die Vorbereitung auf Ihre Antwort. Nennen Sie jene Kompetenzen und Qualitäten, die Sie dazu befähigen, die Stelle erfolgreich auszufüllen.

Mögliche Antworten

»I believe you should offer me this job because I'm a very motivated and fast learner. A big part of the position involves interaction with customers. This is certainly one of my strengths. Besides having worked in this industry I've built up a reliable network of contacts which would most certainly also be beneficial for your business. To sum it up this role and company is well suited to my interests, skills and ambitions and I would love the opportunity to become a member of your workforce.«

»I believe that my profile ideally matches the role in terms of education and experience. So far in my professional life I've proven that I'm assertive and a committed team player. And from this interview I've gathered that these are particularly important characteristics for this job. I like what your company stands for and would love to start working here.«

Is there anything else you'd like us to know?
Alternative Fragen mit dem gleichen Frageziel:

- *Do you have other information you'd like to give us?*
- *Have you anything else you wish to tell us?*

Dies ist eine typische Frage am Ende des Vorstellungsgesprächs und hat schon viele unvorbereitete Bewerber*innen aus dem Konzept gebracht. Nutzen Sie die Frage zu Ihrem Vorteil und bringen Sie hier jene gewichtigen Argumente ein, die im Verlauf des Vorstellungsgesprächs noch nicht genannt wurden. Wenn Sie bereits all Ihre Pluspunkte im Verlauf des Interviews zur Sprache gebracht haben, dann können Sie einfach noch einmal kurz und knapp zusammenfassen, warum Sie der ideale Kandidat für die Stelle sind.

Mögliche Antworten

»Yes, thank you. I found the interview very informative and we talked about most of the points in support of my application. However, there is one additional fact that I would like to mention. At present I'm holding three patents and have a further two patents pending. I think these patents could be very useful for new designs in your development department.«

»Indeed there is an important point I would like to highlight. When I submitted my application in writing I mentioned that I was in the process of applying for a working visa for Canada. I'm pleased to inform you that my visa application was successful and I'm an excited visa holder who can't wait to start my professional career in your country. Preferably with your company.«

Do you have any questions you would like to ask us?
Alternative Fragen mit dem gleichen Frageziel:

- *Is there anything you'd like to ask me?*
- *Is there anything you're not fully clear about?*

Diese Frage ist gewöhnlich die letzte Frage die Ihnen im Verlauf des Vorstellungsgesprächs gestellt wird. Nun sind Sie an der Reihe: Stellen Sie Ihre Fragen, die Sie im Zusammenhang mit dem Unternehmen bzw. der Stelle haben. Achten Sie darauf, dass Sie sich nicht wiederholen und Fragen stellen, die bereits im Verlauf des Vorstellungsgesprächs beantwortet wurden. Sie outen sich damit als schlechte*r Zuhörer*in. Ein Fehler wäre es, auf diese Frage mit »*No, thank you, at the moment I have no questions*«, zu reagieren.

Mögliche Antworten

»Yes, there is. At the beginning of the interview you mentioned that some days were set aside for professional training. Could you give me a bit more information about how the training will be organised and also what the set-up will be? It would also be interesting to know how many days the training will take and what it will consist of.«

»Your online information for graduate recruitment is really detailed and deals with everything about the company and your training scheme. I find the profiles of employees who participated in the scheme really useful and interesting. In this connection I'd like to know a bit more about your corporate culture. How would you describe your work environment and what are the company values?«

Fragen, die Sie zum Abschluss stellen könnten:

- *Is there anything I should know about this job that wasn't included in the job description?*
- *What kind of training will I have the opportunity to take if I am offered this job?*
- *What is your policy on staff development?*
- *How much autonomy can I expect to be given in my work?*
- *What approximate starting salary do you have in mind?*
- *Do you have a formal appraisal system?*
- *What does the onboarding process look like at your company?*
- *What are the top priorities for my first six months in the job?*
- *Do you have someone in the company who is responsible for employees from abroad?*
- *What support would you provide with my relocation efforts?*
- *How would you describe the work culture here?*
- *How do you see the company developing in the next years?*
- *How does the company measure its success?*
- *In what ways is performance measured?*
- *At what interval do job appraisal interviews take place?*
- *Would I be working in the office or remotely?*
- *Who would I report to?*
- *What are the next steps after this interview?*

Zu den No-go-Fragen gehören:

- *What are my chances?*
- *How did I do in this interview?*
- *Do you feel I'm lacking in a particular area or skill?*
- *When could I expect a pay review?*

- *If I work overtime, how will I be compensated?*
- *Have you made any redundancies recently?*
- *Why did the last person in this position leave?*
- *How long do employees tend to stay with this company?*
- *Do you have any other vacancies?*
- *What does your company do?*
- *Who is your main competitor?*
- *How soon do you promote employees?*
- *Do I get my own office?*

5.12.1 Beispieldialog

Interviewer*in:	Just a few more questions about situations that might cross your path if you were an employee here. For example, if you became a member of our team would you be willing to change to a different job in the company?
Bewerber*in:	Well, I actually applied for a specific type of job and I feel that with my qualifications and past experience I'm the perfect candidate for this position. I would of course be happy to stand in on a temporary basis for colleagues should the situation require this.
Interviewer*in:	That's good to hear. It's very necessary to have employees who are committed to their work and help out whenever necessary. Indeed, this interview has shown me that you certainly seem to be very motivated for this job. However, do you have any more irons in the fire? I mean have you applied for other jobs?
Bewerber*in:	No, I haven't! I'm in full employment at the moment and I would only give up my current job if the right job opportunity came along. And I feel that this job is exactly right for me.
Interviewer*in:	Good to hear that. But why do you think we should give you this job?
Bewerber*in:	I do really feel that I have the right qualifications and possess all the skills required for this role. What's more I'm a good leader and motivator, two attributes that are absolutely essential to be successful in this role.
Interviewer*in:	Well, I'm impressed by your determination. Is there anything you'd like to ask us?
Bewerber*in:	I would like to know what your onboarding process looks like?

Interviewer*in: Well, we have a proven onboarding process in place to welcome every new employee in our company. On the first day they will meet with someone from HR who will deal with the necessary paperwork and give a short presentation of our company's code of conduct and other important standards. Each new employee is also assigned a mentor who will help new hires to get acclimatised. In addition every new employee participates in a special training scheme which is customised to their needs for the new job. In this way we ensure that the transition period is as smooth and effective as possible.

5.12.2 Formulierungshilfen: der perfekte Abschluss

Genauso wichtig wie für einen sympathischen Beginn des Vorstellungsgesprächs zu sorgen ist es auch, einen positiven Abschluss zu finden. Die folgenden Formulierungen helfen dabei:

- *I am grateful for the chance to talk to you today.*
- *I would like to thank you for this interview today. You've given me a clear overview of the position.*
- *Thank you for your time. It was great meeting you.*
- *I'm looking forward to hearing from you.*
- *Please, do not hesitate to contact me if you have any questions or concerns.*
- *Thanks for taking the time to see me.*
- *It's been great to talk to you about the role.*

Mögliche Formulierungen

»Thank you for your time. It was great meeting you! I'm looking forward to hearing from you again. Please don't hesitate to contact me in the meantime if you have any questions or concerns.«

»Thank you for meeting me. I'm excited about the role, and it sounds like a great fit based on my experience. I'm looking forward to hearing about the next steps, and don't hesitate to contact me if you have any questions or concerns in the meantime!«

»Thank you for seeing me today. You have given me a clear picture of the position and I am even more enthusiastic about it than before. I know that my skills and experience will add real value to this job. I look forward to hearing from you again. In the meantime, please feel free to contact me if you need any further information.«

6 Aktionen nach dem Vorstellungsgespräch

6.1 Dankschreiben nach dem Vorstellungsgespräch

Während sich in Deutschland das Dankschreiben direkt im Anschluss an das Vorstellungsgespräch vielleicht noch nicht so stark durchgesetzt hat, wird es im englischsprachigen Ausland schon von fast vorausgesetzt. Fassen Sie nach Möglichkeit binnen 24 Stunden nach dem Gespräch mit einem Schreiben bzw. einer E-Mail nach und bedanken Sie sich bei Ihrem/Ihrer Gesprächspartner*in für das Interview.

Solch ein Vorgehen bietet einige Vorteile:

- Sie rufen sich bei Ihrem/Ihrer Gesprächspartner*in noch einmal in Erinnerung.
- Sie präsentieren sich als Macher*in.
- Ein »Danke« wird gern gehört und bringt Ihnen Sympathien ein.
- Sie signalisieren Interesse und Ehrgeiz in Bezug auf die zu besetzende Stelle.
- Sie haben die Möglichkeit, wichtige Informationen, die im Verlauf des Bewerbungsgesprächs nicht angesprochen wurden, zu ergänzen.

Tipps für das Dankschreiben:

- Fassen Sie sich kurz.
- Verwenden Sie keine 0815-Mustervorlagen.
- Drängen Sie nicht auf eine Entscheidung und setzen Sie keine Deadline.
- Achten Sie auf Fehlerfreiheit.

Folgende Punkte sollten Sie im Schreiben ansprechen:

- Bedanken Sie sich für das Vorstellungsgespräch.
- Zeigen Sie Interesse und Begeisterung für die Stelle.
- Heben Sie Ihre Eignung für die Stelle hervor.
- Nennen Sie nochmals die wichtigsten Gründe, warum Sie die ideale Besetzung für die Position sind.
- Führen Sie Punkte auf, die Sie vergessen haben zu erwähnen und die Ihnen als wichtig erscheinen.

DIGITALE EXTRAS

Muster 1: Dankschreiben

Dear Ms …,

I'd like to express my gratitude once again for the interesting interview I had with you yesterday morning. I must say I continue to feel real motivation to work in this field and under the conditions you described. The meeting stimulated my interest in the position, the teamwork and specifically the job responsibility you outlined to me. I am confident that my capabilities would allow me to quickly integrate myself into your team and be productive right from the start.

As discussed during the interview I am attaching a copy of my master's thesis entitled »Implementation of Green Supply Chain Management Capabilities« which gives a more detailed insight into my area of expertise and which might also show you new approaches for the supply chain management at ABC AG.

Finally I'd like to thank you again for the very fascinating experience and your valuable time and I look forward to hearing from you again.

Yours sincerely,

DIGITALE EXTRAS

Muster 2: Dankschreiben

Dear Mr ...,

I would like to take this opportunity to thank you for the pleasant interview on [Datum] and the time you took to talk to me. I was certainly able to gain a good understanding of what the job involves and this has reassured me that I possess the right combination of experience and skills to make me the perfect fit for this position.

I would like to reiterate that I am very interested in this position and the opportunity to join your team.

Please feel free to contact me with any additional questions you might have. In the meantime I look forward to the next step in the application process and to your reply.

Yours sincerely,

6.2 Antwortschreiben zur Jobzusage

Sie haben es geschafft! Ihre Bewerbung war erfolgreich und Sie haben eine Jobzusage erhalten. Glückwunsch! Jetzt geht es darum, Ihrem zukünftigen Arbeitgeber in einem Antwortschreiben bzw. einer E-Mail mitzuteilen, dass Sie die Stelle gern annehmen möchten. Nachfolgende Musterschreiben können Ihnen dabei als Vorlage dienen.

Muster 1: Antwort auf die Jobzusage

DIGITALE EXTRAS

Dear Ms ...,

Please consider this email as my formal acceptance of the offered position as Director of Studies at combenations GmbH. I wish to thank you for this opportunity and I look forward to applying my skills to the position.

As mentioned in the letter of offer and as we previously discussed on the phone, I accept all terms and conditions of the employment contract.

I look forward to commencing the work and meeting the team on 1 October 2022. If you require any additional information from me before then, please let me know. You can reach me by phone at +49 171 1951082 or by email at abosewitz@needacoach.com.

Yours sincerely,

Muster 2: Antwort auf die Jobzusage

DIGITALE EXTRAS

Dear Mr ...,

It is with great pleasure that I accept the position of Public Relations Account Manager at Star Advertising Ltd. I'm very much looking forward to the new challenges that lie ahead.

I'm happy to confirm that I have been granted a Work Permit Visa to work in the UK and that I will therefore be able to commence employment at your preferred start date of 1 February 2022

I have read and agree to all the contractual terms and conditions set out in the employment contract which have signed and sent to you by post.

I am delighted to join the public relations team on 1 February 2022. In the meantime if you require any further documentation from me then please let me know.

Yours sincerely,

Und sollten Sie sich trotz Zusage dazu entschieden haben, die Stelle nicht anzunehmen, helfen Ihnen die beiden folgenden Musterschreiben als Vorlage für Ihre Absage:

DIGITALE EXTRAS

Muster 1: Absage

Dear Ms …

I wish to thank you for offering me the position of Procurement Administrator in your company. After much consideration I have reached the decision that I will accept an offer from another organisation at this point in my career. This alternative offer matches my interests, potential, and ambition more directly.

I sincerely appreciate that you spent valuable time considering my interview resulting in the offer of this position. I would like to wish you and your company the very best for the future.

Yours sincerely,

DIGITALE EXTRAS

Muster 2: Absage

Dear Mr …,

Thank you very much for accepting me for the position in the service department of ALGECA. I found the interview very enlightening. The discussions via Zoom were fascinating and I'm honoured to be chosen.

Unfortunately, I'll have to decline the offer as the position doesn't exactly fit my present career goals. I'd like to thank you for considering me for the position and I appreciate your confidence in me. Thank you for your time.

Yours sincerely,

6.3 Checkliste Interviewnachbereitung

Zu einem guten Vorstellungsgespräch gehört auch eine solide Nachbereitung im Anschluss an das Interview. Worauf Sie achten müssen, zeigt die folgende Checkliste:

DIGITALE EXTRAS

Checkliste: Interviewnachbereitung	✓
Gespräch mithilfe folgender Fragen reflektieren: • War ich gut vorbereitet? • War meine Selbstpräsentation überzeugend? • Was lief nicht so gut? • Was kann ich beim nächsten Mal besser machen? • War mein Outfit angemessen?	
Job und Unternehmen mithilfe folgender Fragen reflektieren: • Kann ich mir vorstellen, bei dem Unternehmen zu arbeiten? • Passt der Job zu mir? • Erfüllt die Stelle meine Erwartungen? • Stimmen die Rahmenbedingungen des Jobs (z. B. das Gehalt)?	
Sind die nächsten Schritte im Bewerbungsprozess klar?	
Persönliches Dankschreiben per E-Mail verfassen. Punkte aufgreifen, die im Vorstellungsgespräch nicht angesprochen wurden oder noch unklar sind.	
Bei Bedarf nach zwei bis drei Wochen telefonisch bzw. per E-Mail nachfassen.	

!

Sprachtipp: Faustregeln zur Kommasetzung

Hier folgen ein paar wichtige Kommaregeln, die im Englischen gelten.

Datumsangaben

- Britisches Englisch: *Wednesday, 5 November 2021*
- Amerikanisches Englisch: *Wednesday, November 5, 2021*

Anrede

Im britischen Englisch wird in Anschreiben ein Komma nach der Anrede gesetzt. In E-Mails ist das heutzutage aber eher unüblich. Auf alle Fälle wird das erste Wort nach der Anrede immer großgeschrieben, egal ob Sie ein Komma verwenden oder nicht. Im amerikanischen Englisch steht nach der Anrede ein Doppelpunkt.

- Britisches Englisch: *Dear Mr X,/Dear Ms Y,*
- Amerikanisches Englisch: *Dear Mr X:/Dear Ms Y:*

Grußformel

Sowohl im britischen als auch im amerikanischen Englisch steht nach der Grußformel ein Komma:

- *Yours sincerely,*
- *Yours faithfully,*

Aufzählungen

Bei Aufzählungen im britischen Englisch wird kein Komma vor *and* und *or* gesetzt, im amerikanischen hingegen schon.

- Britisches Englisch: *Please bring your passport, visa application and a photo.*
- Amerikanisches English: *Please bring your passport, visa application, and a photo.*

7 Englische Sprachkenntnisse auf dem Prüfstand

Zu einer idealen Vorbereitung auf Vorstellungsgespräche, die auf Englisch geführt werden, sollten Sie auch wissen, wie es um Ihre Englischkenntnisse steht. Auf den folgenden Seiten finden Sie ein Sprachquiz, mit dem Sie Ihre Englischkenntnisse selbst überprüfen und einschätzen können, wo Sie den Hebel ansetzen und eventuell noch etwas nachjustieren müssen.

7.1 Common mistakes quiz

DIGITALE EXTRAS

Choose the correct words and phrases.

1. **Sensible/sensitive**
   It is .... to add in this appendix because it is useful.
   My muscles are too .... since I strained my legs jogging.
2. **At last/at least**
   We expected to achieve .... the same result as last year.
   .... she arrived after I'd been waiting for nearly an hour.
3. **meaning/opinion**
   Does anybody know the .... of life? I'm sure I don't.
   In my .... working in industry is a cut-throat business.
4. **Remember/remind**
   I can .... the good old days when summers were long and I enjoyed work.
   May we .... you that your account is overdrawn?
5. **Actual/current**
   What's the .... number of products you've sold?
   What's the .... number of employees in the company at the moment?
6. **I'm working/I have been working**
   I .... at SAP for three years and I still enjoy my work.
7. **Used to drive/is used to driving**
   Bob .... but then he lost his licence through drink-driving.
   Ron .... at night. He has no problem with it.
8. **Etwas machen lassen** – Which sentence has this meaning?
   a) Ron has his car cleaned every week.
   b) We have cleaned our car already.
9. **In the near of/near to**
   We live in Leimen. Actually it's .... Heidelberg.

10. **Brief/short**
    Dear Colleagues, I know we don't have much time today, so I'd like to be ....
11. **Prospect/prospectus**
    Customer: I'm very interested in your product range. Could you give me a ....?
12. **Commission/provision**
    If I sell your products what sort of .... will I get for it?
13. **Appointment/date**
    Applicant: I'd like to arrange .... with your personal manager as soon as possible.
14. **Personal/personnel**
    Congratulations! I heard you've got the job as ....manager.
15. **Course/rate**
    The .... of the dollar to the pound Sterling has decreased dramatically.
16. **Stationary/stationery**
    How can we write letters? We've absolutely no ....

7.2 Business words

DIGITALE EXTRAS

Now things are getting more difficult. Put these words into the correct gap in the following text. Some of them need to be changed to fit the context. Use each word once.

approach, skilled, select, behaviour, assess, train, counsel, able

Managing of any sort requires dealing with people to some degree. Indeed, managing has been defined as the »ability to get things done through other people«. When managing people, a number of specific (**1**) .... are brought into play:

(**2**) ....: which means ensuring you have the right people to do the required tasks.

(**3**) ....: which means appraising their (**4**) .... and competence.

(**5**) ....: which means providing them with the opportunities to develop relevant skills.

(**6**) ....: which means assisting them to solve the problems impairing their performance.

Understanding behaviour: which means appreciating the reasons for their different (7) .... to work.

And if you are able to understand the reasons why they think and (8) .... as they do, and can help them to help themselves, you will be able to get on with the things you are meaning to be doing.

7.3 Tense and aspect

DIGITALE EXTRAS

Choose the most natural form.

1. Estate agent to young house-hunting couple: »First you tell me what you can afford. Then .... *(we have)* a good laugh about it and go on from there.«
2. To keep an organisation young and fit, don't hire anyone until everybody .... *(be)* so overworked that they .... *(be)* glad to see the newcomer, no matter where he sits.
3. The boss of a clothing store said to his new assistant: »I .... *(be)* away on business tomorrow, Mr Doorbar, and I .... *(set)* you a real test of your abilities. I want you to get rid of that terrible double-breasted yellow jacket with the green trousers. We .... *(have)* it on the rack for two years.« When the boss returned he asked the assistant whether he had managed to sell the suit. »Oh, yes, I .... *(do)*. I .... *(sell)* it for £500.« »Excellent«, said the boss. ».............................. *(you have)* a hard time selling it?« »Not really«, replied the assistant. »I had no trouble with the customer, but I .... *(have)* a hell of an argument with his guide-dog.«
4. Peter: I somehow .... *(think)* my degrees in psychology, politics and economics .... *(help)* me to get a better job. I'm really disappointed.
   Ronny: At least you understand why you are unemployed.

7.4 Conditionals

DIGITALE EXTRAS

If-clauses with a smile.

1. Security Officer: Look, in this bottle there is a poisonous gas. Now, what steps .... *(you take)*, if I dropped this bottle?
   Young Scientist: Very large ones, sir.
2. I didn't marry my wife because she had four million pounds. I .... *(marry)* her if she .... *(have)* only two million. (Charles Forte)

3. A husband is someone who will share with you all the problems you .... *(not have)* in the first place if you .... *(not marry)* him.
4. Marketing in Moscow:
   »What would happen if the Sahara.............................. *(belong)* to Russia?«
   »Nothing, I think.«
   »Wrong! Within three months there .... *(not be)* any sand left.«
5. Marketing in Brussels:
   »What .... *(happen)* if the experts of the European Union bought the Sahara?«
   »No idea. Tell me!«
   »Well, the sand in the Sahara .... *(double)* within a year.«
6. Our modern world is so full of problems that if Moses .... *(come)* down from Mount Sinai again, the two tablets he was carrying .... *(be)* aspirins.

7.5 Passives

DIGITALE EXTRAS

Fit in the passive verb forms and add a suitable modal auxiliary if possible such as:

can, could, must, may, will, should

1. Advertising .... *(describe)* as the science of arresting the human intelligence long enough to get money from it.
2. A conservative is a man who thinks that anything .... *(not do)* for the first time.
3. When an error .... *(detect)* and .... *(correct)*, it .... *(find)* to have been correct in the first place.
4. Alcoholics Anonymous? Isn't it a place where whisky .... *(drink)* in secret?
5. History is the sum total of things that .... *(avoid)*. (Konrad Adenauer)
6. I have bad reflexes. I .... *(once/run)* over by a car that .... *(push)* by two guys. (Woody Allen)
7. Advertisements contain the only truth to .... *(rely on)* in a newspaper.
8. Any small thing .... *(make large)* by the right kind of advertising. (Mark Twain)

7.6 Reported speech

DIGITALE EXTRAS

Put the following text into reported speech.A: I hope to go to Japan next week. Do you want to accompany me, James?

He said that ....

1. B: How long are we staying? We'll have a little time for sight-seeing, won't we?
   I asked him ....
2. A: We're not going to do any sightseeing. It's a business trip. We must be back in five days.
   He announced that ....
3. B: I can't stay any longer. If I did I'd start worrying about our business over here.
   I reminded him that ....
4. A: Don't give it a thought. Let's stay in Japan as long as we need.
   He told me that ....
5. B: If I were you and I were running Low Valley Copiers I'd spend more than two weeks in Japan.
   She replied that ....
6. A: Whatever you do, don't worry.
   He advised me that ....
7. B: Have you forgotten how your assistant kept an eye on the department the last time you went abroad? Remember, that wasn't the first time he'd done it, was it?
   I asked him ....
8. A: You needn't worry. I might do the same for you this time, especially as I'll no longer have my present rather heavy business commitments by the time you go.
   He told me ....
9. B: Okay, why not? But you'd better ring me up just in case of trouble.
   I thought ....

7.7 Gerund or infinitive

DIGITALE EXTRAS

Choose the correct words (a or b) to complete the sentence.

1. I hope she remembers .... him the message tonight. It's important.
   a) to give
   b) giving
2. It was such a funny story, I couldn't stop ....
   a) to laugh
   b) laughing
3. If you're not getting a good picture on your TV try .... the aerial.
   a) to adjust
   b) adjusting

4. She began her career as a model and then she went on .... films.
   a) to make
   b) making
5. Now, you remember .... but do you remember anything else about the accident?
   a) to skid
   b) skidding
6. I'd hate .... into trouble with the police. Wouldn't you?
   a) to get
   b) getting
7. It was a very short flight. We only stopped once ....
   a) to refuel
   b) refuelling
8. Although the police officer shouted »Stop!« the man went on ....
   a) to run
   b) running
9. I hate .... to get up early, don't you?
   a) to have
   b) having
10. Please make a little less noise. I'm trying ....
    a) to concentrate
    b) concentrating

7.8 Business words

DIGITALE EXTRAS

Finding words for definitions

1. Your superior has an interview with you. He talks about how well or badly you have worked:
   p............... e...............
2. The money you get for your work before deductions:
   g............... s...............
3. Another word for »business year«:
   f............... y...............
4. Pay somebody their money back:
   r...............
5. Representative of the staff:
   w............... c...............
6. Check the figures inside a company:
   i............... a...............
7. Obtaining raw materials for the company:
   m............... a...............

8. Span of time during which the manufacturer takes responsibility for his product:
   p............... of g...............
9. Main office:
   h...............
10. Good sense for business
   b............... a...............

7.9 Time for an idiom

DIGITALE EXTRAS

Which of the following idioms fits best?

1. Paul is really clever. He ....
   a) minces his words
   b) doesn't miss a trick
   c) means ill
   d) is playing the fool
2. Be careful when you travel in Rome. Somebody might ....
   a) pick holes in your pocket
   b) pull your pocket inside out
   c) pick your pocket
   d) pull the wool over your eyes
3. You won't get on in business if you can't ....
   a) pull strings
   b) put you up
   c) put them on
   d) put the squeeze on somebody
4. You'll have to .... if you want to keep your job.
   a) pull the wool over your eyes
   b) put on airs
   c) pull yourself together
   d) put the screws on
5. Can you .... with the personnel manager?
   a) pull your socks up
   b) play it by ear
   c) pick and choose
   d) put a good word in for me
6. Unfortunately, the situation looks bad. We ....
   a) gave the show away
   b) went from bad to worse
   c) got off on the wrong foot
   d) went to the dogs

7. John and Ross are good friends although they sometimes ....
   a) get their own way
   b) give each other up as a bad job
   c) give each other a black eye
   d) have words
8. When Helen is talking no one can ....
   a) give the show away
   b) go without saying
   c) get a word in edgeways
   d) go off in a huff
9. You should .... and invest all your money in oil.
   a) go the whole hog
   b) grapple with problem
   c) gum up the works
   d) hang on like grim death
10. Going through these backstreets at night ....
   a) gives me a cold shoulder
   b) gives me the creeps
   c) goes down the drain
   d) grinds my teeth

7.10 Business phrasal verbs

DIGITALE EXTRAS

Which of the phrasal verbs fit into the sentences?

1. The research director .... that they were building a top-secret machine, so they fired him.
   a) let off
   b) told off
   c) let on
   d) told out
2. The new purchasing manager hasn't done well since he joined the company. He hasn't .... his reputation.
   a) lived up to
   b) got through to
   c) done up with
   d) said up to
3. We've finished our accounts so we'd better .... and go home.
   a) put down
   b) pack up
   c) pack down
   d) see through

4. Come on, Tom, we are late! .... it or will never arrive.
   a) push through
   b) pull through
   c) step on
   d) sit on
5. How did it .... that you two knew each other before the beginning of this sales training?
   a) call in
   b) come about
   c) bring about
   d) break out
6. These job interviews are very strenuous. I must say after 8 hours I'm totally ....
   a) worn in
   b) worn through
   c) done up
   d) done for
7. Robert broke into the computer shop and .... all the valuable articles.
   a) cleaned out
   b) walked off
   c) cleared off
   d) walked with
8. I don't trust you. I won't .... you this scheme by lending you any money.
   a) add to
   b) put down
   c) bring down
   d) back up

7.11 Prepositions and other particles

DIGITALE EXTRAS

Fill in the gaps.

An interview (**1**) .... *Ficus* (F), the famous magazine, and Mr Lupoz (L), world famous ex-purchasing director.

F: Thank you for granting us some of your valuable time for this interview, Mr Lupoz.

L: Yes, valuable is the right word. To be precise, I've planned (**2**) .... 17 minutes and 35 seconds for this interview. That's (**3**) .... the time that a good efficient interviewer should take.

F: I see. Well, you seem to be extremely accurate (**4**) .... figures, maybe (**5**) .... accurate.

L: That is in harmony (**6**) .... my new cost-oriented philosophy of purchasing if that's what you are driving (**7**) ....

F: Exactly. May I congratulate you (**8**) .... this new philosophy which is completely (**9**) .... the beaten track. Didn't you coin the phrase »global-sourcing«? It's in everybody's mouth nowadays.

L: I can't waste my time (**10**) .... thinking (**11**) .... phrases, young man; I make (**12**) .... philosophies and strategies (**13**) .... the better welfare of entire industries. Global sourcing means buying wherever in the world your conditions are met. The world is a village nowadays (**14**) .... many local suppliers.

F: They can't live (**15**) .... to the conditions you impose (**16**) .... them. Don't you feel pity (**17**) .... them? What advice do you have for them?

L: Why should I have sympathy (**18**) .... them? My advice is the same simple principle God has set (**19**) .... in the animal kingdom. Only the strong and healthy ones have the right to come (**20**) .... (**21**) .... top.

7.12 Get your tenses right

DIGITALE EXTRAS

Complete this excerpt from Peter Frank's personal file.

To whom it may concern

Mr Peter Frank (**1** *join*) .... Low Valley Copiers eight years ago. For the previous three years Mr Frank (**2** *work*) .... with high mountain printing presses and (**3** *acquire*) .... much useful experience. For the first full year with us he (**4** *work*) .... in the customers services Department and (**5** *still deal*) .... with customer complaints when I (**6** *become*) .... Managing Director. Since then he (**7** *work*) .... as my personal assistant and (**8** *prove*) .... himself to be outstandingly capable on many occasions. He (**9** *coordinate*) .... the production schedules of our factories, but at the moment he (**10** *visit*) .... our subsidiaries in Europe on a special assignment. He (**11** *come*) .... back in January 2022.

7.13 Passives for the champions

DIGITALE EXTRAS

Complete the sentences by putting the verbs in brackets into the passive form.

1. When I do something without (*tell*) .... I'm trying to be smart. When my boss does the same – that's initiative.
2. If more than one person (*can hold*) .... responsible, nobody (*find*) ....
3. I have come to the conclusion that politics is too serious a matter (*leave*) .... to politicians (Zitat von Charles de Gaulle).
4. A bad joke is like a bad egg – all the worse for (*crack*) ....
5. Can you imagine the whole world (*create*) .... in six days and six nights? Fortunately, now we have the unions.

7.14 Lösungen

Quiz 1: Common mistakes

1. sensible; sensitive
2. at least; at last
3. meaning; opinion
4. remember; remind
5. actual; current
6. I have been working
7. used to drive; is used to driving
8. a)
9. near to
10. brief
11. prospectus
12. commission
13. an appointment
14. personnel
15. rate
16. stationery

Quiz 2: Business words

1. approaches
2. selecting
3. assessing

4. skills
5. training
6. counselling
7. abilities
8. behave

Quiz 3: Tense and aspect

1. we'll
2. is; are
3. I'll be; I'll set; we've had; did; sold; did you have; had
4. think; didn't help

Quiz 4: Conditionals

1. would you take
2. would have married; had had
3. wouldn't have had; hadn't married
4. belonged; wouldn't be
5. would happen; would double
6. came down; would be

Quiz 5: Passives

1. could be described
2. shouldn't be done
3. is detected; corrected; will be found
4. is drunk
5. should be avoided
6. was once run; was being pushed
7. be relied on
8. can be made

Quiz 6: Reported speech

1. He said that he hoped to go to Japan in the following week. He asked me if I wanted to accompany him.
2. I asked him how long we were staying. I imagined that we'd have a little time for sightseeing.
3. He announced that we were not going to do any sightseeing and that it was a business trip. And that we had to be back in five days.
4. I reminded him that I couldn't stay any longer. I told him if I did I'd start worrying about our business over here.
5. He told me that I shouldn't give it a thought. And suggested we could stay in Japan as long as we needed.

6. He said that if he were me and he were running Low Valley Copiers he'd spend more than two weeks in Japan.
7. He advised me not to worry.
8. I asked him if he had forgotten how his assistant had kept an eye on the department the last time he had gone abroad. I reminded him it wasn't the last time he had done it.
9. He told me not to worry, that I might do the same for him this time, especially as I would no longer have my present business commitments by the time he went.
10. I thought it was a good idea, but suggested he should ring me in case of trouble.

Quiz 7: Gerund or infinitive

1. a)
2. b)
3. b)
4. a)
5. b)
6. a)
7. a)
8. b)
9. b)
10. a)

Quiz 8: Business words

1. performance evaluation
2. gross salary
3. fiscal year
4. reimburse/refund
5. works council
6. internal audit
7. material acquisition
8. period of guarantee
9. headquarters
10. business acumen

Quiz 9: Time for an idiom

1. b)
2. c)
3. a)
4. c)
5. d)
6. c)
7. d)

8. c)
9. a)
10. b)

Quiz 10: Business phrasal verbs

1. c)
2. a)
3. b)
4. c)
5. b)
6. d)
7. a)
8. d)

Quiz 11: Prepositions and other particles

1. between
2. in
3. about
4. about, with
5. over, too
6. with
7. at
8. on
9. off
10. with
11. up
12. up
13. for
14. with
15. up
16. on
17. for
18. for
19. up
20. out
21. on

Quiz 12: Get your tenses right

1. joined
2. had worked, had been working
3. had acquired
4. worked, was working

5. was still dealing
6. became
7. has been working, has worked
8. has proved
9. coordinates
10. is visiting
11. is coming, will come, will be coming

Quiz 13: Passives for the champions

1. being told
2. can be held responsible; nobody will be found
3. to be left
4. being cracked
5. was created

Stichwortverzeichnis

Die Autoren

The authors have been cooperating in the language service industry for more than 30 years. Together they founded *com.be.nations GmbH*, a training and translation service provider based in Heidelberg, and *need a coach Ltd.* in Battle, England. Together they have written numerous specialist English language books for professionals in the field of personnel, interviewing, finance and controlling, and international business.

They are supporting clients from all over Europe in their various English communication needs. Services in the field of application and CV-building include:

- Interview coaching via video conferencing platforms such as Zoom or Skype
- Advice on applications for the international job market
- Translation/adaptation of application documents in English
- CV-building and editing of English application documents

If you need help with your application, simply get in touch with us at office@needacoach.com.

Annette Bosewitz has managed several translation and language training companies and is currently the managing director of need a coach Ltd. in Battle, England. She is also a qualified teacher for German as a foreign language and a distance learning facilitator supporting English language students.

Dr René Bosewitz is an experienced coach of English for special purposes and management skills. At the base in England he specialises in giving one-to-one support to clients in their international business. He has worked around Europe for more than 40 years and has published over 60 language coursebooks in many fields of English, such as *Let's Go International*, *Penguin Students' Grammar of English*, *Get Through at Meetings* and *Small Talk for Big Business.*

Mit digitalen Extras: Exklusiv für Buchkäufer!

Ihre digitalen Extras zum Download:

Leitfäden:

- Leitfaden für Face-to-Face-Vorstellungsgespräche
- Leitfaden: Telefoninterview
- Leitfaden: Videointerview
- Leitfaden: Gruppeninterview/Assessment-Center
- Leitfaden: Screening-Interview

Checklisten:

- Checkliste: Face-to-Face-Interview
- Checkliste: Telefoninterview
- Checkliste: Videointerview

Muster:

- Dankschreiben
- Antwort auf die Jobzusage
- Absage

Quiz:

- Common mistakes quiz
- Business words
- Tense and aspect
- Conditionals
- Passives
- Reported speech
- Gerund or infinitive
- Time for an idiom
- Business phrasal verbs
- Prepositions and other particles
- Get your tenses right
- Passives for the champions

---

http://mybook.haufe.de/

Buchcode: TLF-4720